卷首语

城中村是在中国城市化进程中所必然包含的内容，是当代都市的一种基本"户型"。当城市白领和精英开始热衷于中产阶级生活时，城市的另一个极端正向低收入阶层敞开更大的门。我们不应忘记中国农业人口的数量、比重及地理分布，以及后工业时代对农业人口的解放，更不要忘记这是一个城市的淘金时代。当前中国越来越多的城市人口能够用廉价的方式获得中产阶级的舒适性时，就会有成几何级倍数的低收入阶级用并不舒适的生活条件来支撑这种舒适性。这种城市经济和社会的平衡需要城中村。

城中村的成因很简单。20世纪末开始的快速的中国城市化吞没了大量的农业用地，却没能消化掉受国家土地政策保护的农业人口的宅基地，从而形成了城市中的村落。这些村落并没有为城市提供一道悠闲的风景线，相反，它们利用政策的疏漏，随着城市的扩张而更疯狂地扩张，为新增的城市下层人口提供了基本的廉租住宅。

在美学上，城中村被很多人视为城市的疤痕；在政治上，更是一种定时炸弹。除了艺术家愿意把城中村作为一个有意义的背景而展开戏剧性的故事（例如陈果电影中类似的香港棚户区），对于认真关心城市问题的人士，城中村是道无解的难题。

本期《住区》以矛盾最为利益化的深圳为契入点，从人文、社会、改造等多角度分析研究这类高度城市化的城中村，并将在后续持续追踪报道深圳市政府2006年城中村改造的进程和实效，及社会各界的反应。

图书在版编目（CIP）数据

住区.2006年.第1期/清华大学建筑设计研究院等编
—北京：中国建筑工业出版社，2006
ISBN 7-112-08121-1

I.住... II.清... III.住宅-建筑设计-世界
IV.TU241
中国版本图书馆CIP数据核字（2006）第016761号

开本：965×1270毫米 1/16　印张：7½
2006年3月第一版　2006年3月第一次印刷
定价：36.00元
ISBN 7-112-08121-1
(14075)
中国建筑工业出版社出版、发行（北京西郊百万庄）
新华书店经销

利丰雅高印刷（深圳）有限公司制版
利丰雅高印刷（深圳）有限公司印刷
本社网址：http://www.cabp.com.cn
网上书店：http://www.china-building.com.cn
版权所有　翻印必究
如有印装质量问题，可寄本社退换
（邮政编码 100037）

目录

特别策划 Speical Issue		"城中村"向何处去？ Where to go of Urban Village?	
主题报道 **城中村** Theme report Urban Village	10p.	四说深圳"城中村"的居住 Four perspectives on living conditions of Urban Village in Shenzhen	邵晓光　王平易 Shao Xiaoguang and Wang Pingyi
	14p.	空间档案："城中村"改造过程的权力控制与抗争 Space documents: Control and resistance in the remodification of Urban Village	段　川　饶小军 Duan Chuan and Rao Xiaojun
城中村设计 Design proposals of Urban Village	24p.	"中国·大芬"油画工场 Oil painting workshop-Dafen, China	都市实践 Urbanus
	32p.	极限生存与未来憧憬 Extreme survival and future prospects	汤　桦 Tang Hua
	38p.	深圳"城中村"，城市设计能够做什么？ What can urban designers do on Urban Village in Shenzhen?	戴松茁 Dai Songzhuo
	44p.	城市设计作为"城中村"改造的一种策略 ——以深圳大新村联合城市设计为例 Urban design as a remodification strategy on Urban Village: case study on the urban design practice on Daxin village	李　晴 Li Qing
	50p.	对城市设计"形态结构"生成的发散思考 ——深圳"城中村"城市设计过程 Association of ideas from the generation of urban morphology: study on the urban design process of Urban Village in Shenzhen	庄　宇 Zhuang Yu
	54p.	城市历史记忆的留存与发扬 ——深圳大新村改造城市设计分析 The preservation and development of historical memory study on the urban design practice in Daxin village remodification project	张　凡 Zhang Fan

2006年《住区》改版后，仍沿用以前的主题办刊方式，2006年拟报道的主题有：

1. 城中村问题的探讨
2. 滨水住宅的研究
3. 造城，观城
4. 地产项目的中国风
5. 高层住宅探讨
6. 湿地规划与设计

同时增设其他栏目，2006年的新版《住区》主推栏目以及栏目主持人，选择目前国内著名的专家、学者任《住区》栏目主持人，他们对住宅有独特的见解，专栏要求个人风格与栏目风格的一致性。
本期介绍三名栏目主持人。
以后还将陆续介绍其他栏目及栏目主持人：

建筑评论（主持人：周　榕）
住区研究（主持人：周静敏）
香港公营房屋（主持人：卫翠芷）
地产视野（主持人：楚先锋）

栏目名称：
住区调研
栏目主持人：
周燕珉
清华大学建筑学院副教授。曾在日本学习工作7年，主要从事住宅、室内设计和老年建筑设计研究
栏目定位：
为了保证住区开发的合理性和住宅设计的舒适性，开发商和设计者对相应客群的需求进行充分的了解是必不可少环节。本栏目将我国住宅市场的客户进行了较为详细的分类，针对不同客群拟定调研问卷，进行抽样调研。在对研数据进行整理、分析的基础上，将不客户群的居住需求转化为建筑设计语言并进一步提出了适合于不同客户群较为详细的居住空间设计建议，希望为我国今后的住宅设计带来有益的参考

住区
COMMUNITY DESIGN

CONTENTS

58p. "城中村"的设计研究：深圳大新村案例　　刘宇扬
Daxin Village–case study on the design of Urban Village　　Liu Yuyang

68p. 走进深圳大新村
　　　——深圳大新村改造　　魏婷
Walk through Daxin Village–the remodification of Daxin Area, Shenzhen　　Wei Ting

城市设计 Urban design
76p. 城市交通系统设计
　　　——以上海徐家汇地区交通系统设计为例　　美国A+G建筑设计公司
Urban transportation system design: case study on the traffic system in Xujiahui Area, Shanghai　　A+G Architects.Llp

住区调研 Community Design Special Research
82p. 老年客户群居住需求调研及设计建议　　周燕珉　杨洁
Survey on the needs of senior residents and design proposals　　Zhou Yanmin and Yang Jie

绿色住区 Green Community
89p. 住区太阳能供热技术应用概述　　何建清
Overview of Solar Water Heating for Residential Areas　　He Jianqing

国外优秀设计师档案 Distinguished oversea architect profile
94p. 城市的记忆，历史的痕迹
　　　——访日本规划师、景观师横松宗治　　姜莉
Memory of City, Trace of History: On Muneharu Yokomatsu　　Jiang Li

建筑评论 Architecture critics
100p. 住区梦呓　　王受之
Community Design essays　　Wang Shouzhi

海外视野 Oversea prospective
108p. 用建筑诠释科学
　　　——Weichlbauer/Ortis的作品及思想解答　　范肃宁　李洁
Architectural interpretation of science: works and design concepts of Weichlbauer/Ortis　　Fan Suning and Li Jie

封面："中国·大芬"油画工场的成长立面

联合主办：中国建筑工业出版社　清华大学建筑设计研究院
编委会顾问：宋春华　谢家瑾　聂梅生
编委会主任：赵晨
编委会副主任：庄惟敏　张惹珍
编委：（按姓氏笔画为序）
万钧　马卫东　王朝晖
白林　白德懋　伍江
刘东卫　刘溪玉　刘晓钟
刘燕辉　朱昌廉　张杰
张守仪　张颀　张翼
林怀文　季元振　陈一峰
陈民　金笙铭　赵冬日
赵冠谦　胡绍学　曹泾芬
黄居正　董卫　董少宇
薛峰　戴静

主编：胡绍学
副主编：薛峰　张翼　董少宇
执行主编：戴静
学术策划人：饶小军
责任编辑：姜莉　雷磊
美术编辑：付俊玲
摄影编辑：张勇
海外编辑：柳敏（美国）
　　　　　张亚津（德国）
　　　　　何崴（德国）
　　　　　王韬（挪威）
　　　　　叶晓健（日本）

编辑部地址：深圳市福虹路世贸广场A座1608室
编辑部电话：0755-83440553
编辑部传真：0755-83440553
邮编：518033
电子信箱：zhuqu412@yahoo.com.cn
发行电话：021-53074678
发行传真：021-63125798

栏目名称：
绿色住区
栏目主持人：
何建清
国家住宅与居住环境工程技术研究中心研发部副主任，博士
工作单位：国家住宅与居住环境工程技术研究中心
目介绍：

10年前，我国的住区发展目标是改善住房条件，10年后，我国的住区发展目标已提升到改善住区绿色性能、增强住区可持续力。为此，我们特开设"绿色住区"栏目，介绍全球绿色住区建设范例和研究成果，探讨绿色技术成果转化和应用热点问题。
栏目特点：
以建设范例为线索、"绿色+宜居"为核心，构建绿色住区信息交流的开放平台。

栏目名称：
海外视野
栏目主持人：
范肃宁
北京市建筑设计研究院建筑师
栏目定位：
终日而思，不如须臾之所学。尝跂而望，不如登高之博见。海外视野栏目正是以此为出发点，介绍分析国外设计师的思想和作品实例。

栏目设置包括设计理念和作品实例两部分。其中既有国外大型事务所的经典之作，也有先锋建筑师前卫的建筑观；既有商业型建筑事务所的产业化运作道路，也有研究型学者的个人实验。
也许在阅读他们的建筑思想和看法时，我们平时所遇到的困惑就由此解开了，在聆听他们诉说丰富多彩的建筑人生和故事时，我们也受到了勉励，整理了自己的创作思路。

特别策划

"城中村"向何处去？

- 贺承军： 城中村就是城市的一部分，正像得了脚气的脚仍是身体的一部分一样
- 孙振华： 城市需要低成本生活区
- 余　加： 关于"城中村"问题，建筑师的讨论是苍白无力的
- 朱荣远： 存在就意味着某些合理
- 刘晓都： "城中村"是城市家庭里的"野孩子"
- 汤　桦： "城中村"是一个"反物体"的场所
- 王　骏： "城中村"是否一定"阻碍"现代城市的发展

贺承军　深圳市规划局规划处副处长

城中村：就在那里

在深圳，流传着一个关于城中村的趣闻：当代著名的城市规划学家弗里德曼对陪同他参观游览的深圳同行表示，最能代表深圳、最能体现深圳精神、最能表达深圳生活之活力与魅力的，就是原本为千夫所指的城中村。

一方面是政府和公共媒体在揭示城中村的短处：它没有符合城市规划条例所规范的房屋间距、市政和公共设施，有消防、安全隐患，存在各种不道德、甚至违法的人群和行为等等，政府在以人为本、建设和谐社会的旗帜下，要改造之、修正之、完善之；一方面是如上则趣闻所代表的，具知识分子观光客气质的学界人士，在为城中村的复杂、多元、暧昧、令人恐惧而确富生机的社会生态主张其合理存在的理由。

城中村凸显为现象，以及社会各界对它关注的方式，构成了当代中国社会生活的一个颇耐人寻味的切片。这个切片有其病理脉络，有其生命力的表征，却惟独找不到治疗的理想途径。

作为典型的守法的知识分子，除非你作为观光客匆匆掠过，否则，在城中村找不到合法状态的惬意生活。这充满了悖论：知识分子为之叫好的那种情境，是排除了知识分子式的生存空间的。从知识分子的角度，城中村是作为剧场或研究观摩对象的角色，而作为社会底层人物到城中村来找生活，这里就有他可能的生活：交保护费或收保护费，做小买卖或拉皮条，卖欢或兼卖酒站柜台，做暂栖于此的白领或兼蓝领，做钟点工或兼演员模特……，有的人混得好些了肯定会搬走到"高尚住宅区"去。在这层意义上，城中村既是一个驿站，也是一个"孵化器"。它对只能享受低成本生存的人，因为看起来像是低成本社区而成为当然的选择。实际上城中村的生活并不真正便宜：它高昂得必然在生存者身上打上深深的烙印——有时候就是真真切切的血印。

它对痛苦承受着"生活在别处"的高成本生活的人，可能仍有一种施虐和受虐的双重诱惑，恐惧和惬意，警觉和放松，如果没有遇到意外，城中村就成了印证其此处高尚生活的一面高度清晰的镜子。

总之，城中村就是城市的一部分，正像得了脚气的脚仍是身体的一部分一样。早些时候，有人如愤青式叫喊，哪里痒就把哪里切掉。现在，人们不那么认为了。当然这并不是洋和尚一句半句夸奖的咒语得出的效果。

孙振华 深圳雕塑院院长

城市需要低成本生活区

诺贝尔经济学奖获得者萨缪尔森有一句幽默的话：你可以将一只鹦鹉训练成经济学家，因为它所需要学习的只有两个词：供给和需求。从经济学的观点来看"城中村"，它基本上也是一个供给和需求的关系。

目前指导我们城市建设的是城市发展的空间规划，这些所谓的规划反映在城市的生活方面，就是努力建设更多的剧院、音乐厅、美术馆、博物馆、画廊、图书馆、医院、酒吧等等，以期和国际接轨。

规划的一面是研究供给，另一面应该是研究需求，一是需求的总量，一是需求的层次。

参照国内一些城市的教训来看，现有城市规划的最大的不足，在于它们无视中国老百姓的实际生活水平和消费能力，不能理性地看待城市，分析城市真实的供给和需求关系。

例如，许多按照"二十年不落后"的标准设计建设出来的城市文化设施，由于消费能力的不足，常常不能物尽其用。那些高票价的芭蕾舞、交响乐和明星表演不是一般人消费得起的。其结果，国家拨巨资建设的城市文化设施，只能惨淡经营，或者通过出租和经营非本行的业务来勉强维持，造成设施的闲置和资源的浪费。是不是这些城市的居民拒绝这些文化形态呢？不是的。经济学还有一个重要的词是"价格"，决定价格的重要因素是成本。普通老百姓缺乏对高成本、高价格的城市文化产品的消费能力才是问题的关键。

而在深圳的城中村，一些最常见的生活场景也许能够给予我们许多有益的启示：一些外来打工人员，常常在夜间围着小店铺的电视看得聚精会神。每当看到这种情形，我就想，关于我们的城市，是不是还少了一个概念，这就是"低成本的城市生活"。

根据世界银行统计，中国的尼基系数（反映贫富差距）已经高达47.4%，贫富不均不仅增长最快，而且也进入了国际公认的警戒线。可是目前中国的城市在居住区的投入，城市公共服务和城市文化设施的规划建设方面，注重的多是高成本城市生活，它所服务的基本上是中、高收入的人群。

地方政府为体现对城市居民的重视，常常通过财政补贴对那些高成本的城市生活方式和各种设施进行扶持，这种做法对于相当多的低收入人群而言，是不公平的。因为当许多低收入者连起码的居住和生活需求都很难满足的时候，不对他们雪中送炭，而对中、高收入者锦上添花，这是"损不足以奉有余"。

深圳在20世纪90年代初期，"大家乐"舞台风靡一时，它就是一种典型的低成本城市生活。较低的收费降低了准入门坎，使得一般打工青年也能参与到时尚的都市文化中。就中国现状而言，一般打工青年是不可能去"星巴克"、去"哈根达斯"消费的，他们的位置在哪里？在低成本生活区，在城中村这样的地方，享受低成本文化。一个城市只有高成本生活和低成本生活并行不悖的时候，才算是一个完整的文化生态。

我也并不赞同有些人以"站着说话不腰疼"的态度对待"城中村"。自己分分钟在为豪宅而奋斗，可是谈起"城中村"的时候，却置身事外，尽情地赞美"城中村"繁荣、人气和文化的多样性。

从生活的质量来看，深圳"城中村"的生活绝不是一种美好、有质量的生活。我们之所以不主张将"城中村"一棍子打死，原因在于这个城市还远远没有富裕到为每个生活在这座城市的人提供体面的、高水准的住房的地步。所以，生活在"城中村"是权宜之计，是不得已而为之；生活在"城中村"的人们是在忍辱负重，为这个城市做出贡献和牺牲。

"城中村"既是一个历史产物，也是一个有着现实合理性的产物，我们也许并不热爱"城中村"，但是，我们的城市又离不开它，它的存在，代表了这个城市的一种"供应"和"需求"的关系，这个阶段我们目前无法超越。

博弈论专家坎多瑞对篇首萨缪尔森的那句话引申了一句：要成为现代经济学家，这只鹦鹉必须再多学一个词，这个词就是"纳什均衡"。

余 加 深圳市余加工作室

深圳"城中村"25年发展之所以成为今天的样子，与地方政府政策的延迟和规划控制性失误有关。记得1990年来深圳参观，城中村有两种：一种是规划格局规整的布局，另一种是自然村稍加集中的布局。大多是两层半的"农民式"别墅，瓷砖外墙，屋顶琉璃兜边。后来城市发展中，地方政府对于农民失地问题的政策没有优化，继续默许可以建至4层，随后是8层，9层，甚至是12层，直到今日失控。于是"失控后果"成了城市发展的"结"，使得"城中村"在城市美丽童话般的小区和豪宅奢华的氛围中形成独特风景：与众不同的城市文脉（是否真是文脉？），充满深圳真实生活的特色，有生命气息的自然城市生态，同时又是混乱、犯罪率高，卫生条件安全条件均差的城市角落，带来管理困难的城市问题。

"拆与不拆"是争论的关键词，也成为2004年，2005年城市规划的时尚话题和建筑师实验性研究的最好题材。"拆"：使派出所、工商管理、城管办、居委会和消防局等机构部门所面临的问题大大减少；"不拆"：城中村的业主和租户均是这里的受益者，原居民靠收租维持非农业者的身份在城市中的生活，大量的创业者初来深圳和在城市中服务行业的多数农村劳动力成为廉价居住的主力租户。于是，建筑师们开始研究，并以理想主义方式提出保持城市文脉的各种改造方案。但事实上，"拆与不拆"不是简单的功能问题和建筑学方式的美学问题，它是关乎于政治学，社会学问题。"拆与不拆"之如何拆或如何不拆，靠建筑师仅有的政治观点和仅有的社会学知识，经济学知识，城市管理知识和实验性方案，是无法真正的制定有执行意义的战略目标。最好的方法是以地方政府出面组织一个集政治家，经济学家，社会学家和城市管理学家甚至心理学家，规划师，建筑师，工程师于一体的研究小组，研究出一个整体的解决方案。因为建筑师不是全能者，他仅是一个美学的关注者和工匠。重要的是：城市一切空间形态的创造和改造都是建立在一套完整社会学的构架系统及组织系统上，包括政策、法规及社会道德标准。一旦这些形成，建筑师的工作才具有清晰的执行思路。

不管怎么说，"城中村"问题在21世纪的深圳的提出具有深远的政治学意义，建筑师的讨论是苍白无力的。对于它的取与舍，对于管理城市的各行业是一个具有刺激性和挑战性的提出，也将是中国其他地区城市化进程中重要的借鉴。

刘晓都　都市实践事务所合伙人

城中村问题现在成为一个热点话题，说明我们的城市化进程已经达到了一个很深入的阶段。城中村是在社会转型，土地性质从农业用地转变为城市建设用地所产生的特殊问题。都市实践(URBANUS)在成立6年来一直在观察这个特殊现象。我们认为城中村的改造是势在必行的，但我们更需要对它有一个正确的认识，使得这个改造卓有成效。以下是我们对于城中村问题的几个基本看法：

1.城中村是城市家庭里的"野孩子"。深圳特区内的城中村基本上是被城市紧紧包围，又几乎处在不受城市控制的自生自灭状态。这就注定了他是一个不太会有好貌相的异类，有着这样那样的毛病。

2.城中村这个"野孩子"已经长大了，健康而且虎虎有生气。它是已经基本完成了城市化的区域，避免了沦为许多国家城市化产生出的贫民区。它依赖着城市的资源，寻找到自己的一个生存空间。

3.城中村填补了城市低收入住宅的巨大缺口，在城市并没有形成真正的低收入人群居住策略的时候，城中村的存在就有着其合理性和必要性。以开发的思路去改造城中村无疑会使其变成高价的花园住宅小区。城市低收入人群将被挤出城市中心，是否会造成城市中社会经济平衡的打破？这是一个非常值得关注的问题。

4.城中村无疑是表达了城市的一种生存状态，而且是一种自我生长的状态。它在一定程度上反映了城市的一些基本规律，其结构有着很强的适应性和包容度，是值得城市工作者们，特别是规划师、建筑师去认真观察和研究的。而且城市应当有不同的方式和形态的区域存在。尊重和包容不同的生活方式和状态是一个大都会的一个重要特质，这种多样化是保持大都市文化的丰富和活力的必要条件。

5.相对于当今的城市建设的发展，我们的城市建设法规很多是相当滞后的。我们应当借助对城中村的观察研究去反思一些规范上的基本问题。比如什么是当代城市居住的最低居住标准，如何充分利用有限的城市土地资源，容积率，密度，交通等等都应当是研究的问题。

6.城中村应当改造，但不应当只有一种模式。应当有一些城中村保留下来，根据现状进行适应性改造，解决基本居住问题如空气，街道，排污系统。同时将其纳入城市系统，解决税收，治安等问题。实验利用其自然生长的特征，以城市政策去引导其自我改造更新。

7.中国的城市化是一个全新的课题，无法用完全照搬历史经验的方式去进行发展。城中村给我们提供了一个机会，能让我们在学习城市的过程中建设这个城市。

汤　桦　深圳汤桦设计咨询有限公司

有点像一个关于密集人口的生活样板，深圳城中村以近在咫尺的存在从各个方面向我们展示了当下的中国城市的生活空间所可能达到的极限状态。它反映的是一个特别本土性的生存空间的严峻问题，是一个具有启发性的关于城市有限生活资源使用的文本，是对传统城市的一个自发的缅怀，同时也是关于未来与现实的一个拼贴的梦幻。

作为进入城市的一个最低的门槛，相当数量的外来者都将城中村作为着陆深圳的第一块"立锥之地"。低成本无疑是其选择的首要原因，而与其他城市生活空间的便利联系更是使人们聚集于此的一个更为重要的因素。"在阶级社会中，每一个人都在一定的阶级地位中生活，各种思想无不打上阶级的烙印。"在当今社会，要跨越阶级和类别的壁垒是艰辛的过程。在城中村生活的社会阶层是一个相对单一的群体，他们在这里获得自在和认同的生活，如同远方的家园在异乡的折射。"人们云集城市是为了生活。为了过上幸福的生活，他们聚集在了一起。"对于城市所能提供的资源，城中村以最功利、或者说最节约的方式对其进行利用与整合。而最重要、也是最具视觉效果的就是关于空间资源的使用。城中村的"村景"基本上就是表现经济结构和密度的构造。方寸之间，充溢着生活的不同的片段。当街道上充满熙熙攘攘的人群，喧嚣的声响渗透交织的街巷；当孩童在嬉戏打闹，狗狗在脚下穿梭；当辛劳的妇人在轻言细语邻里间的琐事，炊烟缭绕，使人仿佛置身乡村小镇，很难把眼前的情景与深圳这样一个现代化的大都市联系起来。规划法规和经济结构的样式塑造了城市的样式，由此而来，"现代城市"成了一座座"物体城市"。而城中村是一个"反物体"的场所，空间结构遵循经济的规则，它基本上是由一栋房子构成，形成自身的肌理，一如传统的城市。它在偶然的时机获得了存在的可能，以蓬勃发展的商业和生生不息的人气，融入城市生活。进而倾其最大的能量抵抗"物体城市"在乡野上的高速蔓延。

在都市的层面，城中村使我们想到Colin Rowe的《拼贴城市》(Collage City)，它为城市带来差异性和丰富多彩的机会。在自身的层面上，它又如同西方所言的"紧凑城市"(Compact City)，为资源和空间的最大化使用提供了一个中国式的案例。而在街道而言，它更像雅各布森所描述的充满理想主义色彩的街道风景，功能叠合，尺度适宜。尽管它在很多方面有悖于我们的法规和常识，也存在着不少亟待解决的问题，但在更重要的层面上却显现着很多我们一直在追寻的生活理想。

朱荣远　中国城市规划设计研究院深圳分院副院长

我们今天面对城中村问题的时候，不是对"村"进行的简单名词解释，而是需要将它作为一个复杂的社会问题来看待。城中村是以农业文明为基础在城市化气候下生长的、特殊的物质和社会形态的总称。城中村的问题是中国快速推行城市化过程中不可避免的社会现象。如果说城中村是"村"的话，那么这个"村"是一种经过螺旋上升后的"村"。

城中村的问题不只是一个物质空间的问题，改造城中村的"脏、乱、差"可以改造城中村的表象，改良或者改善基本的物质和社会管理状况，可能才是针对目前城中村问题的较为现实和有效的策略。城中村对于一个城市而言是一项不可回避的现实问题，必须面对其中的社会、经济和文化的问题，由于所涉及的社会要素过多，如策略不当其后果将不堪。

2004年～2005年间，市区政府对深圳特区内的城中村进行过大量的调查，就我们参与工作的认识而言，城中村不可能在短时间里从物质意义上消失，这不仅是目前城中村承载了几乎一半的城市人口（其中主要是暂住人口），这些人都在为深圳城市发展贡献力量。城市提供生活设施反辅这些人的进城需求既是承担中国城市化必然的责任，也是城市一种基本的民生作为。但由于中国快速城市化进程给先发展地区带来的人口集聚压力太过迅猛，几乎任何城市政府都没有财力和时间去应对这样的社会需求。因而"城中村"这种超出法律和规定约束的被集合起来的社会能力的物质空间，在违法城市政府意愿的前提，却满足了城市的需求，也在很大程度上化解了城市政府的压力。深圳的"城中村"问题是一个"双刃剑"。

在一定的历史时期内，城中村的社会作用非常明显和积极。在这个前提下，城中村作为一种社会生存的物质状态应该受到人们积极的承认。应该说在中国先发展地区关于城中村问题的研究，将会给内地推进城市化的工作提供许多宝贵的经验，尤其是在社会学方面的意义非常巨大。

城中村的自发行为不是一般意义上的"自发"，城中村的自发有着它的社会特殊性，一定程度上城中村和城中村居住的人群被所谓的城市文明边缘化，这种自发性反倒成为一种求发展的抗争。在远去的时间里，一群几乎占城市一半人口的人群，被这座城市有意无意地边缘化，从社会学的角度就是一个大问题了，这不仅仅是认识上的误区，而且在相当多的市民中，只见城中村的过，而不见其功。存在就意味着某些合理。认识和解析存在，分析矛盾、化解矛盾就是城市现代化的过程，但是要强调化解不等于消灭，可能包含着共生。

我只想强调：规划师和建筑师需要以超出技术层面的思考去回应在涉及城中村相关工作时遇到的问题。对待城中村的问题不应该站在单一的立场和忽视特定的城市社会所处的历史阶段和政治背景，否则就是一叶障目，自欺欺人，导致政府决策有可能丧失有效性。

王骏　深圳市清华苑建筑设计有限公司副总建筑师

"城中村"这个概念提法本身就很有趣，农村与城市是两个相对独立的概念，以前是农村包围城市，现在是城市包围农村。"城中村"是"锦上花"还是"肉中刺"，各种说法仁者见仁、智者见智，而我们应当静下心来进行理性的、多方位的、跨学科的思考。

"城中村"是怎么来的？从社会学、经济学、城市规划学、建筑学等不同的角度来说有什么实际的价值和意义？我们现在对"城中村"存在的评价是肯定还是否定？"城中村"里的人对"城中村"有何看法？消除"城中村"或彻底改造"城中村"以后会是怎样的情况？城市的"脏、乱、差"是否集中在"城中村"？没有"城中村"城市"脏、乱、差"的现象是不是就没有了？"城中村"都"脏、乱、差"吗？有没有"干净、整齐、不差"的"城中村"？如果没有这样的"城中村"，为什么没有？如果有这样的"城中村"，为什么有？

目前城市化进程是我国面临的大课题，深圳"城中村"的现象是值得研究的，它既有失败的教训也有借鉴的意义。对于这种现象的深入研究，可以使我们得到跨学科的成果，进而可以丰富和发展我们有关城市规划和城市建设的理论，为国家在宏观上提供新的未来发展学说。村落是一种自发产生的社区形态，而"城中村"不是完全自发产生的城市社区形态，是在一定社会、历史、经济、背景下的城市发展的产物，对其保留或改造应持理性与审慎的态度。"城中村"与"城外村"是否一定"阻碍"现代城市的发展？现代城市的发展是否有必要保留"城中村"和"城外村"？这些问题我们应该经过认真负责的思考后给出答案。

从城市规划和城市建筑的形态来说，今后的现代城市发展应尽量避免"城中村"的现象，对于深圳城市地域里的"城中村"和"城外村"，我们可以根据不同的情况予以对待。对于确实影响城市道路、通讯、资源供给、环境绿化和市容市貌的，"城中村"应进行彻底改造；对于大量的"城中村"应以改善居住环境为主，不宜大兴土木，近期保留改善，长期改建改造，政府可以组织规划，建筑等专业进行概念设计，探讨跨学科改善"城中村"的合理方案；对于在城市中已经形成特色的"城中村"或"城外村"，无疑具有相应的社会学参考价值，应予以保留与发展，政府可以给予正确的引导，这也是城市发展的历史见证。

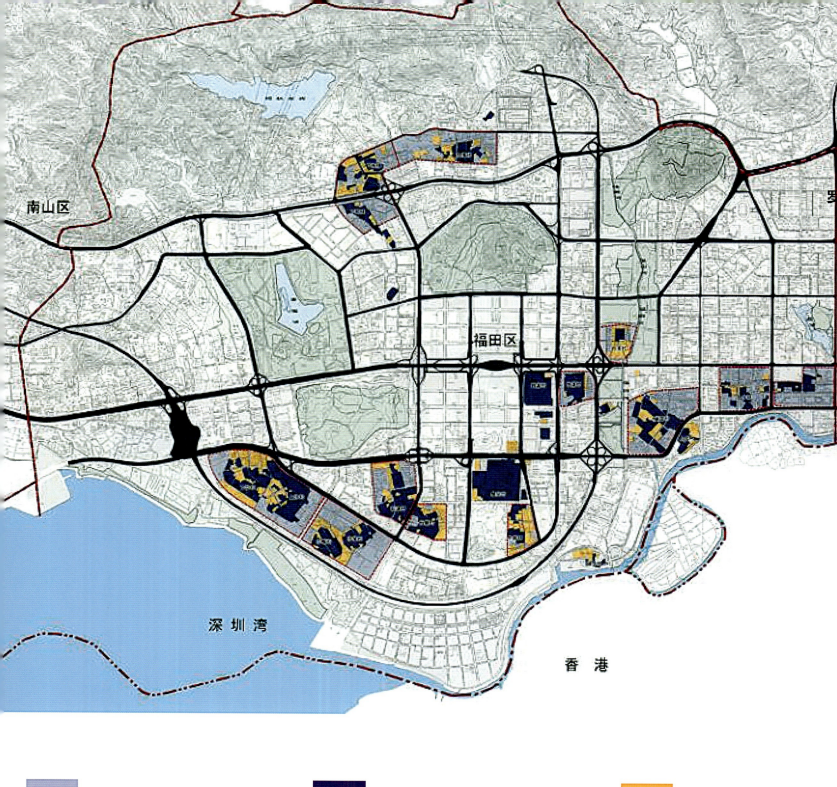

| 城中村片区 | 深圳福田区"城中村"区位图 | 合作建房用地 |

主题报道

城中村

很多中国城市都面临着城中村的问题。
深圳,这座25年间崛起的城市,其城中村现象尤为突出。让我们来看看深圳的现实:

- 深圳市全市私房总造价高达千亿元以上
- 年租金收入 200 亿元以上
- 全市 320 个行政村
- 城中村总土地面积 93.49km²
- 城中村总建筑面积 1.06 亿 km²
- 城中村私宅建筑共 35 万栋

2006年第一期《住区》讨论的主题是城中村。我们特选登了2005年深圳城市\建筑双年展中"城中村"的部分内容,其中有大学建筑系的师生调研,也有新锐事务所的提案,面对城中村,除了把它们完全推平,是不是还有其他的改造方法?他们提出了不同的观点、可能性与设想。

四说深圳"城中村"的居住

深圳大学建筑与土木工程学院　邵晓光　王平易

[摘要] 深圳"城中村"的历史作用有目共睹，作为物质的空间形体和城市社会的生态群落，"城中村"是深圳城市构成的重要部分。在"城中村"中，暂住人口的居住是深圳居住研究不得不面对、而又具有广泛性和实质性的课题。本文从张压、病态、暂栖、重构几个方面，以居住研究的视角进行了分析探索以期把握深圳"城中村"居住现象的本质，并讨论了"城中村"改造中值得思考的问题。

[关键词] "城中村"、暂栖性、离散性、异质化

Abstract: It is well known that Urban Village, as a physical form and a social/ecological community, is an essential component of Shenzhen city, and it plays important role in the history of the city. The study of the resident, which is not considered permanent resident, is a universal and essential issue on Shenzhen residential study. The author probes into the essence of this phenomenon from the perspective of residential study, analyses the issue in various aspects, and discusses the key problems on remodification of Urban Village.

Key words: Urban Village, temporary living, heterogeneity, disperse

暂栖性、离散性、异质化的居住是深圳"城中村"暂住人群的主要特征。在数量超过750万、占深圳人口60%以上的暂住人口中，除一小部分的富裕阶层外，绝大多数的居住者是以租住为主。有资料显示，其中在"城中村"居住的暂住人口就达550万人之多。对于大多数的深圳人来说，"城中村"的居住似乎是他们寻梦的必经驿站。

客观地了解"城中村"就不难发现，在深圳这个移民城市里，"城中村"对深圳城市发展和建设的贡献是巨大的和不可替代的，"城中村"中的居住对大多数移民深圳的人来说，是一段难以忘怀的经历，它为广大的外来人口提供了生活的最基本保障，它留下了大多数深圳人的创业足迹，它包容孕育过深圳移民文化的过程和内涵，它参与贡献着深圳的辉煌。可以毫不夸张地说：对于深圳这个从小渔村发展起来的现代化都市，"城中村"的历史作用要比国内任何一个城市中的"城中村"要大得多。即使在今天，其所承载的城市功能也不是城市其他空间所能替代的。试想如果550万的暂住者都按城市住宅的现行标准去使用土地，将会是一个怎样的状况呢？

一、张压"城中村"

在特区建立的这短短25年中，"城中村"在深圳城市化急速扩张的压力下，当原有的乡村被城市包围、压迫、分隔的同时，村落发展要求的内在张力又使之急速转型、变异、膨胀、发展，以至呈现出无序、失控与畸型。然而作为城市重要的组成部分，"城中村"在城市的发展演变中一直

1. 深圳市福田村与近在咫尺的城市豪宅御景华城

起着极为重要的正面和负面作用。

深圳"城中村"的物质实体空间形成主要由几方面的张力和压力的作用：首先是城乡双轨制使得"城中村"居住用地是按乡村宅基地形式划分的，土地除按农业生产、生活需要留出很少的通道之外，其余均不留间距地按每户230m²左右土地被切分到户，适建不超过3层的独立自用住宅；其次是旺盛的城市暂居需要，"城中村"的居住建筑成为城市中最大、最抢手的空间租赁品。利益驱动下的居住建筑在市场与土地空间的束缚下，急速高拔而起。从开始的3～4层起，直至现今的10余层，不断翻新，其中绝大部分是以出租为目的居住建筑；再者城市规划与管理的滞后，使发展过程中出现大量违章、违建的建筑，加速了空间的不断挤压、变形，"城中村"的居住建筑犹如纵横交错堆放在一起的集装箱堆场，密度极高。"城中村"以较低的租金和消费水平，吸引大量的外来人口，而其空间环境的低质、高密及由此引发的安全隐患，导致了租住者的暂居特质，频繁变更的居住人口也使"城中村"的居住缺乏家园感和社会和谐感。

二、病态"城中村"

"城中村"的历史功绩不可抹煞。然而，"城中村"发展的过程也是一个与身俱来的病体不断加重的过程。"城中村"的"村"结构是一种满足自给自足农业经济模式的封闭聚落结构。突发的城市建设扩张，使之骤变式地脱离了原有的乡村经济模式，被强行带入了现代城市的经济循环之中。而封闭的乡村聚落结构的空间模式也未经准备和计划，被强行纳入城市开放的聚落结构中去。在两种强大结构的作用下，"城中村"被扭曲、变形。从现象上看"城中村"十分突出地表现在物质空间实体上：高强的建筑密度、匀质的空间形态、危机四伏的空间隐患、欠缺人文的空间环境、纷乱混杂的城市形象等等。然而，其实质则表现为"城中村"社会结构的脆弱和畸型："城中村"的社会结构是极为复杂和多样的。社会结构中缺乏使社会形成稳定的结构主干和因素（不排除少数"城中村"的例外，如深圳龙岗的大芬村——油画村）。尽管"城中村"从空间上是一个简单秩序下强有力的整体，然而其在社会秩序上却散乱、纷杂。居住者多是各自为阵，鱼龙混杂的一群毫不相干的人混居在一起。发家致富的价值取向和贫弱的经济实力，使人群在"城中村"汇集，没有共同信守的行为规范、道德和信仰，人的个体存在远远强于群体存在。人人都在空间上属于同一空间聚落，而人人又都在群体中扮演着陌生人的角色。社会空间的不认同感，使这里的人难以被描述为社会学上的社群，"城中村"也难以被定义为社会学中的社区。

深圳"城中村"一直是一个久病缠身，而又难以救治的病体，病态是"城中村"的主要现象和问题，就像生物

2. 深圳市福田村的屋顶

学上的异化现象那样，即有机体自身在其发育成长过程中，孕育着危害和消灭自身的因素，这些因素靠有机体自身是不可能去除和消灭的。因为它们本身就是有机体的组成部分。"城中村"中出现的大量社会不安定现象和状态，被描述为犯罪的温床、社会的毒瘤、城市的疮疤等等。在这种言过其实的罪名下，的确可以看出"城中村"的病态。

三、暂栖"城中村"

"城中村"的居聚现象和结果是十分纷杂和充满意味的。以其成因和过程来看，不能不指出居聚人群的构成和互动状态是最根本的。在"城中村"中占人口大多数的暂住人员呈现出以下明显的特性：

- 居住的暂栖性
- 人群的离散性
- 社会的异质化

居住的暂栖性表现为：居聚人对"城中村"居住环境认同是一种阶段性和应时性的。暂住人群自身的经济条件和就业机会，决定了他们大多首选"城中村"作为临时栖身场所。聚居者会因工作地区及经济收入等自身条件和环境的改变，持续不断作出改变居住地的选择。尽管选择可能在不同的"城中村"内或之间发生，但最终的愿望和行为仍是以脱离"城中村"为目的。暂居者在深圳"城中村"中稳定长期地居住是不多见的。这种选择的结果一方面说明暂住者并不认同这种居住环境；另一方面在客观上造成"城中村"居住人群的不稳定性，从而导致"城中村"社会组织秩序难以健全、稳定。"城中村"就像一个驿站，人来人往，过客匆匆。

居住的暂时性、流动性使人群间难以进行有效的沟通和磨合。"城中村"的社会结构往往以一些极小的文化群体，甚至个体的形式存在。人群从事的行业相差甚远，各人的机遇也各不相同。人群文化和主流意识的欠缺，使个体和群体之间的关系呈现出临时性和断续性。"城中村"熙熙攘攘的人群中往往隐含着深刻的冷漠与隔阂，群体的离散性较强。一有机会或条件成熟，暂住者就会毫不犹豫地脱离这一群体。

之所以"城中村"被普遍认为是深圳城市中的异类，除了其物质空间实体的型态与结构极大的不同于深圳城市整体空间与结构模式之外，主流意识和主流社会更把"城中村"视为深圳城市中的异质化社会，是一种另类，被视为城市中难以解决的问题。普遍存在的认识是："城中村"的暂居者大多数是深圳较为贫困的一族，工作和收入的稳定性均较低；"城中村"又是蕴藏各类社会不稳定因素的主要源头。不少资料显示："城中村"是各类案件的频发地段，杀人、伤人、盗抢、嫖娼、贩毒等等发生其中，并与"城中村"中的暂居者密切相关。同时，"城中村"中的暂居者也认为他们被主流社会与主流意识排斥在外。

四、重构"城中村"

随着城乡双轨制的消失和对"城中村"的社会问题的重新审视，在深圳，大规模的"城中村"改造已全面展开。在

3. 深圳市福田村儿童活动场所

物质空间环境的改造上主要采取了三项主要措施：一是全面重建，在空间与环境上彻底以现代城市空间模式为准；二是重建与改造相结合，以使"城中村"在环境上被整个城市空间所容纳；三是梳理与改造相结合，对那些特别难以全面改造的"城中村"，以拆除违章建筑，消除建筑安全隐患为目的。

面对极度困扰着人们的"城中村"问题，城市决策者采取了一系列的方法去试图改善"城中村"现状。改变"城中村"的物质空间状态被视为解决问题的最有效途径。深圳河畔的渔民村改造是被广为宣传和推崇的案例：渔民村"城中村"空间被若干"现代化"的高层建筑取代。"城中村"的空间痕迹彻底消失，空间环境完全呈现出所谓现代化城市空间模式。在深圳还有一个极为值得关注的"城中村"改造案例：龙岗大芬村——"油画村"的社会重构模式。它并不是以空间的改造开始的，大芬村是在主流文化和主流意识的培养、促进下，建立起的一个颇具特色的拥有凝聚内力的社区，暂住者之间形成了稳定的金字塔结构，重构了"暂居者"的家园认同，因而从社会实质上融入了深圳的主体社会。大芬村已成为举世关注的深圳"城中村"，而其空间物质环境也逐渐形成了具有特质的、有意味的形式。

空间重构与文化重构是两种十分不同的理念。渔民村改造模式被"环境决定论"者们所推崇和乐道，认为铲除了行为发生的载体，行为就自然消失。改变"城中村"的空间环境与结构会使"城中村"的社会问题自然迎刃而解；然而，"行为决定论"者却认为"城中村"物质空间环境与结构失去的同时，暂住者们会以另外的方式创造出新的"城中村"。

在重构"城中村"的同时，我们会失去什么？得到什么？现在下结论都言之过早。

参考文献

[1] 饶小军、邵晓光，边缘视域：探索人居环境研究的新维度，城市规划2001(3)：47

[2] 金城，陈善哲，深圳全面改造"城中村" 2004-8-17，网址：http：//www.people.com.cn

[3] 李培林，巨变：村落的终结——都市里的村庄研究，中国社会科学，2002(1)

[4] 代堂平，关法"城中村"问题，社会，2002(5)

[5] 罗赤，透视"城中村"，读书，2001(9)

[6] 深圳市罗湖区委区政府，深圳市社会科学院，"城中村"改造的新尝试——深圳渔民村旧村改造的个案分析，网址：http：//www.people.com.cn

[7] 深圳"城中村"改造的几点思考，深圳特区报，2003年7月17日

[8] 王德，深圳市罗湖区"城中村"居民居住意识分析，规划师，2001(5)：88

（本文是国家自然科学基金资助项目《珠江三角洲流动人口聚居环境模式研究》成果组成部分。）

空间档案："城中村"改造过程的权力控制与抗争[1]

深圳大学建筑与土木工程学院　段　川　饶小军

[摘要] 随着中国城市化进程的加快，原有城市边缘的农村地域被卷入城市的地域范围并逐渐融入城市体系，并形成一种同整体城市规划格格不入的城市"空间异质形态"——"城中村"。正是这样一种城市"居住异质空间形态"，政府和规划界对其一般持否定的态度，认为这是一种影响城市发展的无序的城市形态，甚至是社会不安定问题的根源之一。城市政府以往的态度是强制性拆除或放任其增长，没有以一种积极客观的态度去制定相应的规划政策和引导措施。本文试对"城中村"加以全面客观地考察，重新认识"城中村"在城市化过程中的历史作用和存在的问题，为政府和规划部门提供相对客观有效的制定政策的依据。

[关键词] 异质空间形态　城中村　历史演变　空间的控制与抗争

Abstract: With the accelerated unbanization process in Chinese cities, adjacent rural sites are often included into urban area and are gradually accepted into urban systems. In this case, Urban Village as a new heterogeneous urban form comes into being, which does not match the overall city planning. Many government officials and city planners criticize that Urban Village according to its chaotic nature may limit the development of the city, and result in the unstableness of the society. City government used to either leave it alone or tear it down. No positive and objective guidelines or city plan policy has ever been made.

The author attempts to conduct a comprehensive survey on Urban Village, revaluate its function along with the urbanization process as well as the problems it brings up. The study will provide a solid foundation for the policy-making process for government and city planning authorities.

Key words: heterogeneous urban form, Urban Village, urban evolution, control and resistance of the space.

本文是基于这样一种思路：即从分析城市空间档案的角度，考察现代城市化过程中的深圳城市社会空间形态的演变，研究传统村落结构向现代居住社区结构转型中的矛盾与冲突问题，透视现代主义的城市规划和建筑设计理论在现代空间转型中实现绝对权力控制的本质，揭示出"城中村"这一具有传统村落结构特性的社会学的含义和内在的逻辑规律。借用一种解构主义的看法，即认为每一次重大的社会变革，实际上是伴随着某种"权力"的转换，现代化可能是以牺牲某些社会（弱势）群体的利益为前提代价的，解构主义者所关心的问题实际上是要提醒和告诉人

1. 深圳赛格广场下班的人流

们，我们习以为常的"现代性"观念，正在某些方面压制着传统的文明现象。从某种意义上说，西方式的现代化和城市化观念在改变了传统社会结构的同时，也牺牲了传统中颇具个性的文明现象。"城中村"的改造过程实际上就是现代化对传统的权利与空间之争。

空间档案："城中村"与管理政策

"城中村"是今天中国社会伴随着城市化发展过程的一种特殊现象。改革开放20余年，深圳城中村的改造政策和其后的大规模改造、迁址重建等现象，实际上是传统村落开始受到现代主义城市规划理论的全面冲击。"城中村"的社区形态、道路系统、建筑及环境逐渐被现代主义的城市规划和建筑设计概念所覆盖，传统社区空间逐渐让位于现代居住社区，"城中村"成了城市的一种"异质空间形态"。在这样一种转变的过程中，国家政策的控制力量是不容忽视的，以下所考察的"村落用地的划定"、"农村城市化"、"城中村改造"等一系列政策，造就了今天的"城中村"空间社区形态。一方面是政府的空间控制力量逐渐加强，它主要体现在基于宅基地政策上的居住组团规划模式上；但另一方面村落建设中村民的意愿仍然能够部分的实现，在规划方案制定了以后，村民私自增建筑层数也体现了村民对自身利益谋求的意志。

一、早期"城中村"管理政策及建设状况

首先，"城中村"在其形成过程中，政府的政策导引和管理控制采取了画地为牢、围而纵之的土地管理政策，给予各村农民独立划分的土地和区域。王德先生在《深圳市罗湖区城中村居民居住意识分析》中曾经指出[2]，深圳市政府分别于1982年和1986年两次为"城中村"划定用地红线。1982年的村落红线确定以后，村民出于经济利益的需求，乱建私房的势头不仅没有减弱，反而有愈演愈烈之势。到1999年为止，罗湖区保留下来的1980年～1984年修建的住宅就有47栋，远高于1980年以前的19栋的住宅数量。1986年市政府颁布了《关于进一步加强深圳特区农村规划工作的通知》（深府办［1986］441号）[3]，这个规定的制定是深圳市"城中村"形成的关键一步，即后来学者所批评的把村落"围而纵之"。事实上，在此之后，村民建房的确是在划定的控制线范围内的，但是把村围起来并没能解决问题。控制线成为一道分水岭：在控制线之外，特区的市政设施、城市形象日益完善；而在控制线之内，政府无法管理控制，村民则按照自己心目中的"现代化形象"进行着自己的农村现代化。村民修建了自己的6～7层住宅，自用一层，其余出租，村内公共服务设施缺乏，缺乏室外活动场地和绿化用地。楼房间距极小，成为消防、环卫死角，建筑密度逐渐往高处发展，至今已有达40％～70％者[4]。

其次，"农村城市化"也是一项政府全面推行城市化的政策。1992年深圳特区政府颁发了《关于深圳经济特区农村城市化的暂行规定》的规范性文件[5]。在文件的原则指引下，一般的村委会都分解了居委会和股份公司两个部门，在特区内原有66个行政村、176个自然村和4万多农村户口的基础上，组建了66家股份公司和100个城市居委会。按照设想，股份公司的主要职能是发展经济，而原村委会的行政管理工作则交由新成立的居委会或街道办事处。但是经过多年的发展，股份公司仍然集行政、经济、社会管理职能于一身，在原集体社区管理中仍然起着决定性的作用，而居委会则基本上沦为股份公司的附庸。股份公司每年要为本属居委会管理的社区倾注大量物力、人力和财力，经济发展能力并未得到实质性的提高。股份公司肩负的行政和社会管理职能，已经成为其发展的沉重负担。另一方面，在股份公司的管理模式下，造就了几近封闭的独立于整个社会之外的社区和社会群体。

再则，随着城市化政策的推行，"城中村的改造"也纳入了政府管理工作的议事日程。划定各村用地红线以后，深圳市区内各"城中村"普遍进行过一次以上的大规模改造。而在这次改建中，专业的城市规划设计人员开始进入"城中村"的改造规划设计，"城中村"的社区空间形态开始受到现代主义城市规划理论的影响，具体地表现在社区空间、道路系统、单体建筑和交往空间等方面，完全控制了"城中村"内的建筑形态。虽经改造，但是城市人群对城中村的环境、卫生等方面仍然不满意，其后很多村落都对村落内部空间再进行了局部改造，城市相关部门也对这些改造进行一定程度的资金投入。同期，深圳特区经济快速发展，城市居民的生活质量得到了极大提高，大量建设的城市住宅建筑和政府福利房、微利房的供应有效地缓解了特区建设者的住房紧张问题，原"城中村"内主要依赖出租住房的"村落经济体"开始受到冲击。为了适应新形势的变化，各村村民又纷纷将仅仅修好10来年的住宅拆掉重新改建。

值得我们注意的是，上述三项政策和法规在管理过程的执行不力，也是导致"城中村"问题出现的一个重要原因。

虽然深圳市政府在1986年的文件中对建房有明确规定[6]。但是在实际操作中村民并没有按照这个规定来建造住房。由于相应监督机制的缺乏，使得这种违章建造之风非但没有遏制，反倒有所加强。为了加强管理，管理部门曾经作过几次登记清查，每次清查都会导致"城中村"内更多地抢建一批违章建筑，这其实是间接造成"城中村"高密度发展的原因。

二、城中村改造及社区空间形态

如前所述，在政府各项政策的规定之下特区内各"城中村"所进行的大规模的改造，实际上，有许多村落是为适应城市规划需要而另外迁址重建的新村，如罗湖区现存的湖贝新村、玉龙新村、田贝新村、清庆新村等，村落的名称即可反映当年轰轰烈烈的"城中村"建设状况。在这两次的大规模改造中，城中村的社区空间形态发生了巨大的变化。这种形态上的变化充分体现了现代主义的城市规划理论对原有传统村落的空间渗透，这种渗透更多的是由政府力量的强制性介入所造成。大规模的城中村改建，很多村落都经历过一定程度的专业规划设计，规划设计行为则普遍是由城市的职业规划师和建筑师来完成，其规划方案中往往是一种基于宅基地政策上的规划。

大规模改造和迁址重建以后，传统村落中以自然生态结构为主导的社区形态基本消失了，取而代之的是以现代技术为基础的改造自然的社区空间结构形态。我们以"黄贝岭村"为例，在经过了大规模改造的黄贝岭上村，自然界的外在物质环境不再构成对"城中村"空间形态的限制，村落中的道路系统逐渐变得更加类似于城市道路系统，而在未经过改造的黄贝岭中村和下村中出现的顺应自然地形条件的蜿蜒的道路，在上村中已经消失不见，代之以平直的道路网。传统文化被现代主义的功能、空间等理论代替，在传统社区基础上发展的社区形态在现代主义城市规划理论作用下转变为一种既不同于城市居住社区也不同于传统村落的新的空间形态，传统八卦形的湖贝村社区空间形态也演变为一种无序异质状态。

三、自发性的城中村再建（以渔民村为例）

如果说早期城中村的形成和改造，源于地方政府的管

2. 1960年的渔民村
3. 1980年的渔民村

理控制力度的失衡；那么到20世纪90年代以后，城中村改造的动力则更多地来自于市场经济的压力。随着深圳房地产市场的日益发展，城中村的生存空间更加狭窄，这一方面是由于政府控制力量越来越强，另一方面则是由于村落经济体的房地产租赁市场日渐低迷；同时，由于"城中村"缺乏管理和政府扶持，造成了内在空间质量日益恶化、市政配套设施极度不完善等现状，原村民开始考虑将村落改造为新的城市居住社区。而为了鼓励"城中村"居民自行改造村落环境，政府有关部门也制定了一系列针对"城中村"集体、个人和开发商的优惠措施。这一"改造和再建"的举动由村民主动提出，实际标志着传统村落的

渔民村的例子，说明了整个深圳的"城中村"的最终命运：即经过"城中村"政策、"二次城市化"、"城中村改造"等一系列政策和措施的实行，政府对于"城中村"的空间控制逐渐升级，近年村民所自发要求的"城中村改造"不同于早期村民自发改建。城中村改造之后，村民原有的宅基地、村集体土地转变为了国有土地，这就意味着政府拥有了对该土地的控制权。而原有的社区空间和建筑风格样式等具有传统特色的形态完全消失殆尽，彻底转型为现代城市居住社区。村落的建设行为已完全由专家体系所控制，说明"城中村"已经从前现代村落彻底转变为现代化的城市居住空间，原村民逐渐地选择了抛弃自身

4. 渔民村改建鸟瞰图
5. 渔民村内景

文化（包括传统空间形态和传统意识形态）的终结，在改造再建的过程，居住主体已经脱离了居住使用的行为，作为居住主体的村民和作为居住社区建设行为中主要控制力量的职业规划师、设计师之间的传统契合关系，转换成了政府和专家合作的权利控制体系，现代主义城市规划和建筑设计完全控制和改造了村落空间形态，"城中村"实现了彻底地现代化。

深圳渔民村改造的过程，是上述论述的具体案例[7]。在赵映辉的《旧村改造初探——以罗湖区渔民村改造规划设计为例》一文中，叙述了改造之前渔民村主要存在的问题有几个方面，并阐述了渔民村旧村改造的思路和改造规划设计构思[8]。根据渔民村旧村改造的过程不难看出，经过新一轮改造的渔民村，其社区空间形态在职业规划设计师的控制下，无论是从社区形态、居住组团、道路系统、交往空间还是单体建筑方面，都被完全纳入城市居住空间体系。虽然设计师声称在规划设计中要"充分尊重村内历史与现状"，但是这种尊重并没有体现在对传统村落社区空间形态及其中所承载的文化模式的尊重上，改造完成后的渔民村社区空间形态已完全没有了传统的痕迹。同时，由于专业人员的介入，居住形态的控制权基本上脱离了作为居住主体的村民，专家体系对村落空间形态的控制，标志着"城中村"已经由前现代村落彻底转变为现代化的城市社区。

所背负的传统，而进入社会的主流群体，至此，城市实现了对"城中村"社区空间的完全控制。

城中村的兴衰：空间权利的控制与抗争

对"城中村"改造过程的研究表明，现代化、城市化像一张有形而又无形的大网，紧紧罩住了"城中村"内的各个角落，改变着"城中村"内居民的生活方式与空间观念。与此同时，政府管理控制的权力亦借助城市规划和建筑设计、社会舆论的隔离手段，重新塑造着深圳传统村落社区及生活于其中的居民的旧有形象，想方设法压抑、排斥村落原有的社会空间形制。在逐渐取缔"城中村"的过程中，"城中村"、"村民"和"外来人口"的形象日益频繁地进入了报纸、电视和网站的新闻报道之中，他们成为各种规定、法律与社会公德交叉包围的对象。溯其源头，这些空间控制权力的争夺和抗争均发自城市的大街小巷之内，构成了一幅抗拒与变迁交错演进的"街道政治"图景。

一、抢建、违建和统建楼问题

从20世纪80年代初开始，虽然市政府陆续对城中村居民私建楼房制定了种种越来越严格的限制，但仍然无法从根本上阻止私房在取得了建筑许可证后，擅自扩大宅基地面积，并增加层数，更不用说那些根本就未报建的违章建私房了，"上有政策下有对策"，这种现象其实是村民在

利用政策失控和管理不善的空子。例如，每次政府要清查统计城中村内建筑的数量和状态之前，各村村民都会赶在清查开始之前抢建一批新的违章住宅，最后形成的是"越查越盖、越盖越查"的恶性循环。此外，面对城市房地产市场大量供应的压力，20世纪90年代以来，"城中村"原村民不断地调整和改建自己的住宅建筑，使之能够更加适应现代市场经济时代的需要。在这种情况下，一些村民仿照城市中高层住宅的形式修建了新的私宅，村民还配置了电梯、消防设施和对讲系统等现代城市居住建筑中常见的设施，以提高居住质量和居住面积，增加租金收入。调查显示，各城中村内的容积率和人口毛密度均不高于相同区位的城市居住小区，而建筑密度却高于城市居住小区，属多层高密度居住形态。这种多层高密度居住形态与深圳现在实行的以高层建筑为主导的居住方式相比的利弊如何，是否一定要将其拆除重建，才能提高居民的生活质量和城市形象，是需要仔细深入的研究和慎重考虑的。在此只是要说明村民面对政府的控制和规划的理论，常常是自行其事，暗中抵制。

王德先生曾经论述过村民对于"统建楼"的反映和看法[9]。"统建楼"是政府为了安置村民所采取的一项政策，它虽有种种优点，但是多数村民在心理上仍然相当抗拒这种方式。造成上述情况的原因是多方面的：首先，市场经济的作用在其中扮演了相当重要的角色，对即得利益损失的担心是一个最主要的原因。建设新家园、告别"握手楼"，就不可避免地影响村民的切身利益，房子拆了重建，至少两年没有进账，所以一般村民都会对"改造"抱有抵触心理。虽然，根据近期制定的《深圳市"城中村"改造规定》，"城中村"业主需与改造单位签订拆迁补偿安置协议，但是在经济上并不能满足村民的利益诉求；其次，对"城中村"的历史认同是统建楼计划遭到反对的另外一个重要原因。"城中村"给人印象至深的似乎只是一个现实的存在，人们很难想像它也是个历史的存在。有学者认为，任何形态的村落都是历史与现实的统一[10]。应该说，现实层面的任何表征都折射着历史文化的光影[11]。"城中村"土地未能及时收归国有和宅基地制度的现实，在客观上保证了村民对土地的使用权，自己的地自己建，被村民们认为是理所当然的事情，而统建楼的建设必然意味着住宅建筑的形态将会脱离村民自我意志的控制，这是村民所不能接受的现实。

二、房地产市场的冲击

特区成立初期，城市住宅的缺乏是"城中村"发展的主要动力。20世纪80年代初，特区内私建住房的并不仅仅是村民，许多单位由于缺乏住房都有过私建住宅的现象。这一点我们从1982年深圳市政府发布的《关于严禁在特区内乱建和私建房屋的规定》（深府布[1982]01号）可以看出[12]。据作者调查，早期来到深圳的建设者许多因为住宅的缺乏而住过条件恶劣的临时建筑，有很多人因为无法忍受恶劣的居住条件到农民家里寻找可供出租的住房。

随着特区房地产市场的快速发展，"城中村"受到了严峻的考验。在完成了最初的创业阶段以后，市政府开始以较为低廉的价格向公务员提供"福利房"和"微利房"，而其后市场商品房的大力发展，更是极大地缓解了城市中住房紧张的问题。深圳市政府分别于1988年和1989年颁布了《深圳经济特区住房制度改革方案》和《深圳经济特区居屋发展纲要》，从制度上保证了房地产市场的快速发展。城市住房供应的相对充分使得"城中村"依赖住宅租赁的经济模式受到了相当大的冲击，房屋租赁价格的落差是"城中村"内村民持续不断改建加建住宅的主要动力。"城中村"内房屋租赁市场的衰落也是促使其向城市居住社区空间转型的决定性因素。出租房屋是"城中村"内最主要的经济模式，也是村民面对市场无奈的选择。但"城中村"内的房屋租赁市场自受到城市商业住宅的冲击之后一直在下滑，于是，"村民的房子拆了建，建了又想建更高，于是再拆再建，村民靠出租房屋赚来的钱几乎全部投入到房子拆建中去了，村民都说自己是在给房子打工[13]。"这也是进入21世纪以后"城中村"村民自发地选择了向城市居住社区空间转型的最重要原因。

三、城市社会对"城中村"的舆论压力

从传统村落被纳入到城市地域范围的那一刻起，它就注定摆脱不了城市整体规划的控制。当村落的发展是朝着自己的利益而不是国家（城市）利益的方向前进的时候，不可避免地，城市便想方设法通过各种方式来抑止它，这种压抑有政策上的，也有舆论上的。国家机器通过主流媒体对人民意志的影响力量，成功地操控了"城中村"及生活于其中的居民的社会公共形象，在意识形态层面封死了"城中村"的生存空间，从而协助国家完成了对城市中所有空间的控制。

在被纳入到城市地域以前，基本上村落和居住于其中的村民在整个社会中的定位都是一个正面形象。但被纳入城市地域范围以后，"城中村"的自由发展状态并不符合城市的总体利益要求，政府对待"城中村"的态度开始转变。这种转变主要来源与政府和主流媒体对待"城中村"的态度上，由此引发了整个城市社会对"城中村"及村民的社会公共形象定位。

1983年，市政府发布了《关于严禁在特区内乱建和私建房屋的补充规定》（深府布[1983]01号）[14]，我们可以注意到，在这个文件中涉及"城中村"的农村公社社员"私人擅自占用土地建筑私房"问题，在措辞上已经被纳入到"破坏特区发展规划"的范畴之中。当"城中村"的迅速发展影响到城市利益之时，逐渐增多的有关"城中村"的负面报道促使"城中村"的社会公共形象发生了极大的转变，主流媒体中"城中村"的社会形象已经由"富有传统意味的寂静的村落"转变为"城市的毒瘤"；而原来淳朴的村民形象也被新的"刁民"、"贪婪愚昧"等词汇代替；即使是政府相关的管理部门对待"城中村"及其村民的态度也发生了相当大的转变。1999年深圳市政府颁布的《深圳市人民代表大会常务委员会关于坚决查处违法建筑的决定》中指代的八种类型的违法建筑中有三种类型都涉及"城中村"内的建筑[15]。该文件前言中叙述中运用了诸如"严重地影响"和"严厉打击"等词汇。同1983年《关于严禁在乱建和私建房屋的规定》中对待"城中村"私建房屋的词汇相比显得程度严重了许多。代表政府态度的"市委书记"也明确表示，"城中村"是第一次农村城市化改革的遗毒，是政府决策在这个问题上的"历史性错误"。

各种主流媒体对"城中村"的报道态度各不相同，但是其中不乏带有歧视性的语言；而且近年来关于"城中村"的负面报道和评论越来越多，可以说，媒体对"城中村"的负面报道，是促使"城中村"及其居民（包括原村民和外来人口）社会公共形象转变的最主要的原因；而这些公共媒体对于"城中村"及居住于其中的居民的态度在很大程度上是受到官方态度影响的。2004年5月，作者通过在全球著名搜索引擎网站上输入"城中村，毒瘤"两个关键词搜索，得出符合项目的网页469项，而输入"城中村，犯罪"这两个关键词，则得到了3830个项目……可以看到社会对于"城中村"的负面描述[16]。铺天盖地的对于"城中村"的负面报道和种种歧视性话语的使用，在事实上恶化了"城中村"及其居民的社会公共形象，尽管有些指责并没有太多根据，但在这样一个全方位的舆论压迫之下，"城中村"及其居民（包括流动人口和原村民）很难保持一个良好的社会公共形象。"城中村"内虽然存在各种矛盾，其原住民的文化素质普遍偏低是一个确实存在的现象，但是并不能将此状况完全归咎于村民。

值得一提的是，当"城中村"终于被纳入到城市规划体系之后，政府、社会和主流媒体对于"城中村"的评价却在一夜之间发生了巨大的转变。典型的例子是当渔民村接受了政府提倡的"城中村改造"后，主流媒体对它的评价和态度的变化。在人民网人民论坛上2003年第五期中刊登的署名为"深圳市罗湖区政府、深圳市社会科学院"的《"城中村"改造的新尝试——深圳渔民村旧村改造的个案分析》一文中，渔民村人的社会公共形象同其他尚未接受政府提倡的"城中村改造"的"城中村"居民相比得到了相当的提升[17]。

结论：对待"城中村"问题的几点思考

一、农村城市化把传统的村落被纳入到城市地域范围以后，其空间形态经历了一个错综复杂的演变过程。从"城中村"形成和发展的历史来看，虽然"城中村"空间形态的转变是社会经济发展的自然结果，但是它由传统的村落社区空间形态转变为现代的城市异质空间形态，却是政府管理和控制的结果。当现代化和城市化促使城市将村落纳入城市规划的版图后，首先要求现代主义城市规划体系在自然村落社区内部确立自身的权威性。但是，这种权威性的获得并非来自自然社区内的传统资源，如居民的自主选择，而是专门化的技术手段和政府权力的控制。政府关于"城中村"的各项政策法规的制定和"城中村改造"计划的实施，使得原村民日常生活中的建房行为变为城市规划体系的一部分，其建设活动大多独立于村落空间之外，而这种专门化和技术化的手段又得到了政府强有力的支持。在这种情况下，传统意义上的村落空间控制方式自然无法对抗城市规划所刻意安排的新的空间规划，而最终难以逃脱走向没落的命运。

二、当前城市规划学科自身与社会的期待存在着一个重要的相同点，即过分夸张和放大城市规划的社会功用与权力控制的职能，希望通过有限几次的城市规划编制这样的技术手段来解决城市发展与建设中的所有问题，甚至包括城市的经济、社会等问题，将一个高标准、高质量、跨世纪的要求置于宏大的技术性构想之中，"技术化已成为当前城市规划领域的主要倾向"[18]。现代主义城市规划把城市看成是一种简单明确而整体的功能板块，按照城市的功能关系对土地进行整齐划一的区划切割，在宏观的规划理论规划之下的现代城市空间体系就像机器般被整合组装起来。于是，城市被简单地抽象成为功能、空间、结构等一系列概念，而历史的、现实时空的、文化的逻辑被否定了。技术理性横扫一切差异，解构了原有的价值观念改变了原有的物质环境。系统性对生活世界的殖民是现代性历程中面临的根本问题。当前中国的城市化进程呈现出非常明显的"现代性"逐步战胜并取代"传统性"的特征。"城中村"原有的简陋但却人性化的交往空间,虽然有时只是一两棵大榕树、几张屋檐下简陋的桌椅,却更能深刻地让我们意识到,对生活形态本身的切实关注才是创造真正富有生机的居住空间的起点。正如王宁先生所说的,"环境的概念并不仅仅是绿化及景观的问题,也不完全是指设施的完善、生活的方便和物业管理的先进,而是对一种充满生机的整体居住生活形态的要求"[19]。在现代化和城市化的进程中,如何对待"城中村"这一特殊的社会现象,确实值得我们加以深思,至少在以下几个方面应当引以重视。

资源,力求不造成浪费。从城中村的建筑现状来看,绝大多数住宅建筑都是20世纪90年代以后修建的,其中更有一部分是2000年以后的新建筑。盲目地对其进行拆除不仅会引起村民的抵制心理,也是一种不合理的资源浪费行为。这部分居住建筑内部条件并不差,有些外观也堪与城市居住建筑相媲美,行政"一刀切"显然是不合理的。笔者认为,如何合理地、有效地利用这些建筑才是城市规划管理部门应该思考的重点。即使是有些建筑外观不美观,也不是一个城市最重要的问题,城市的主体是中低收入群体,加快城市现代化进程理应以满足最大多数人的基本需求为根本出发点,这是一个城市最应该考虑的问题。可以作这

1.现行的旧城(或旧村)改造中,对于传统文化的保护仅仅只是停留在对于"有文化价值的历史建筑物和构筑物"的保护,而忽视了对更加普遍的市民生活图景和历史文化的关注。于是整个社会陷入了这样一种悖论:一方面,传统的建筑和规划模式所拥有的地域特色被抹杀;另一方面,规划师和建筑师纷纷绞尽脑汁凭空创造所谓时代特色。这里所要强调的是,虽然政府和城市规划管理部门都认为"城中村"没有什么历史的保护价值,但作者却认为城中村现象本身是深圳改革开放和城市化的见证,它暗示和告知着人们深圳的历史,展示出都市生活的不同情调,在高楼大厦林立的现代大都市中尤其具有其独特的人文价值。参考欧洲的城市规划对于传统建筑保护的历史,也许可以对我们的城市化建设有些帮助。保护老城区并不仅仅指代于"有文化价值的历史建筑物和构筑物"的保护,而是对于整个居住社区的生活景观的保护。如德国南部巴登符腾堡州一个普通的村庄改造[20]。"城中村"是深圳传统村落从自然村到城中村的历史演变的结果[21],它保留了传统自然村的村落结构中的某些特征,同时在现代城市生活中为中低收入者提供了生活的家园,丰富了城市社会空间的层次和内涵。

2.合理地利用社会资源早已成为大家的共识。特别是处于当下市场经济发展阶段,我们更应该合理地利用社会

样的假设,倘若真的把所有的"城中村"改造成为"高尚"住区,我们城市中绝大多数的基层建设者何处栖身?

3.这里涉及一个城市低收入者住宅的问题。市场竞争促进了产品创新:各种绿色住宅、智能住宅、数字化住宅如雨后春笋涌现出来。住宅商品的推陈出新对于有支付能力的人来说,无疑是锦上添花。它使人们获得了更多消费选择,提高了消费的质量和品位;但是,对于低收入者群体来说,却是可望不可及的梦。换言之,在住宅商品化的进程中,城镇中仍有一些低收入者群体无法按等价交换的原则在市场上租房或买房。他们中既包括城镇中无法定供养者、无生活来源和无劳动能力的"三无"人员、孤老病残和下岗失业职工,也包括城市化中涌现的大量流动人口和农民工。按照联合国《世界人权宣言》,"人人有权享受为维持本人和家属的健康和福利所需的生活水准,包括食物、衣着、住房、医疗和必要的社会服务;在遭到失业、疾病、残废、守寡、衰老或在其他不能控制的情况下丧失谋生能力时,有权享受保障。"因此,让人人享有良好的住房不仅是维护人基本生存权的重要内容,也是我国社会经济发展的重要标志。面对这一问题,深圳也有一系列相关的政策规定,如微利房、廉租屋等。深圳的廉租屋政策主要是为低收入家庭提供可支付性的住房机会,并提供相应的设施和资源,如健康、教育、娱乐、儿童成长等公共援助和咨询,以全面提升他们的生活质量。

6. 深圳市水围村街景
7. 深圳市水围村村口
8. 深圳市水围村握手楼
9. 深圳市水围村公园

注释

1. 本研究是国家自然科学基金资助项目《珠江三角洲城市流动人口聚居环境研究》的子课题（项目编号：50078033）。
2. 王德．深圳市罗湖区城中村居民居住意识分析．规划师，2001（5）：88～89
3. 《关于进一步加强深圳特区农村规划工作的通知》（深府办 [1986] 441号）。文件中规定："把特区农村建设纳入城市总体规划，根据现有农村建设现状，按照城市总体规划的要求，划定控制线。今后农民建房要控制在划定范围内，严禁农民无限制地建房。制定控制线工作要求在当年十月一日前完成。"
4. 同注释2
5. 《关于深圳经济特区农村城市化的暂行规定》（1992）。文件规定："农村城市化的范围为特区范围内的68个村委会、沙河华侨农场和所属持特区内常住农业户口的农民、渔民和蚝民。撤销村民委员会建制，建立居委会；在原各村集体企业的基础上组建和完善城市集体经济组织，独立承担发展集体经济的职能（此后各村均改制为各股份有限公司）；上述职能以外的其他职能，原则上由区政府的派出机构街道办事处承担。将特区内原农民全部一次性转为城市居民；特区农民转为居民后，按照国家的城市居民计划生育统一政策，一对夫妇只准生育一胎。特区集体所有尚未被征用的土地实行一次性征收；已划给原农村的集体工业企业用地和私人宅基地，使用权仍属原使用者；原村民在政府划定的宅基地上合法建筑的房产，转为居民后，其产权不变。今后私人需在市政府原划定的宅基地上建房，应按市有关规定执行。今后城市各小区的市政公用设施，均应按照城市统一规划的要求由市、区组织投资和建设"。
6. 同注释3。文件规定：农村私人建房，层数要控制，原则上每栋不得超过3层，每人平均建筑面积在40m²以内。三人以下的住户，其建筑面积不得超过150m²；三人以上的住户，其建筑面积最多不得超过240m²。并将原规定每户农民建房的基底面积改为基底投影面积80m²计算。
7. 赵映辉．旧村改造初探——以罗湖区渔民村改造规划设计为例．深规院通讯，2002（2）：23～25。在关于深圳的许多历史书上，总有这样的开场白："深圳，从一个边陲小渔村，发展成为现代化都市……"这个"小渔村"，就是渔民村。渔民村有着62户人家，191名村民的深圳老村和名村，位于深圳罗湖区滨河路南侧深圳河边，是1984年邓小平同志第一次到深圳视察时到过的村，从此，小小的渔民村变得赫赫有名。改革开放之初，渔村人办起来料加工厂，组建运输车船队，开挖渔塘发展养殖业。到1983年，村里统一规划盖起了32栋小洋楼，村民共同步入了小康生活。它是深圳经济特区的第一个万元户村，是深圳农民第一个住上小别墅的村。在深圳的城市化进程中，渔民村也同其他村落一样，成为一个典型的"城中村"。1992年，渔民村刚刚经过股份制改造，完成了农村向城市、村民向居民的"两个转变"。在利益驱动下，渔民村民对住宅建筑进行了一系列的改建，改建的时间跨度很大，从1992年一直到2002年，共有私人楼房36栋，多数为5～6层，村落居住空间变得比较混乱无序，不少村民主动提出拆除重建计划。

8. 同注释7。

改造思路：1）一次性全部拆除旧村房屋，统一规划、统一设计、统一报建审批，采取公开招标，统一施工建设新模式。2）借此次旧村改造之机，把服从城市规划、改善居住环境、改善城市管理三个方面的工作落到实处，建筑面貌与城市协调统一，符合城市住宅区规划设计规范要求（消防、日照、采光、通风、绿化、容积率）。3）基础设施与城市全面接轨，旧村内外交通状况将得到大大改善。4）充分尊重村内历史与现状，充分考虑村民改造意愿，尊重传统物业管理模式。5）旧村改造由村股份公司主持实施，采用村民自筹资金、政府扶持等办法解决，避免以赢利为目的开发商介入改造计划，降低城市开发建设强度，节省造价。

规划构思：1）新的改造规划将在改造范围内，新村被设计成11个一梯三户的单元，通过灵活组合，构成两栋12层的大楼形成半围合流动的外部空间，便于村内部管理；同时，考虑到村内部经济发展需要，在村西北部底层设置综合商场，扩大绿化与活动空间，与深圳河改造绿化带彼此呼应。2）停车方式：停车场采取半地下室方式，这样作至少有以下几个方面的优点：解决机动车乱停放，影响居住环境质量与美观的问题；3）建筑单体，设计成11个一梯三户的标准单元。灵活组合可以满足每户村民有从上到下、垂直一体的物业管理模式，做到分配时每户相对比较公平。4）环境设计：中间设村内步行街，做一个有喷水池的采光带廊。底层架空，安排不同内容的活动空间场所，如老人活动中心、儿童乐园、健美操、健身房、图书博览等文化娱乐设施。

9. 同注释2。文章指出："统建楼的建设可以打破原有村民热衷于超标兴建单门独立私宅的传统系俗，改变他们的小农经济观念，是他们早日树立城市生活的观念，与城市社会相融合。统建楼的建设在改善城中村的落后面貌，提高土地利用效率上也能起到立竿见影的作用，被认为是解决城中村问题的尚方宝剑，也是有关部门推荐的城中村改造示范手法。调查结果却显示对统建楼持反对态度的68人，占49.3%，赞成态度的只有19人，占13.8%，认为无所谓的51人，占37%……在被调查的12个城中村中，反对统建比例较高的由湖贝村（100%）、独树村（66.7%）、向西村（62.5%），赞成统建比例相对较高的只有西岭村（30.8%）。持不赞成态度的人群中，青年层比例相对较多，老年层比例较少，反映了各年龄层的居民对统建态度的差异"。

10. 篮宇蕴，城中村——村落终结的最后一环，中国社会科学院研究生院学报，2001（6）：104。

11. 深圳城中村改造的几点思考，深圳特区报，2003年7月17日。"村落社区中，长期以来的'聚村而居'，村落自然成为人们生存与生活难以割舍的'领地'，与'领地'相关的一系列习惯即内化于人们深层的意识观念之中，又外化于人们的具体行动与实践之中，形成与村落地域共同体联系在一起的"生存策略"。这种"生存策略"无疑贯穿着包含长期历史沉积于其中的、与村落共同体为边界（即使是模糊边界）的信任关系与情结，建立在这一基础上的观念与行为取向的内外有别被认为是天然的事；再从传统农民小而全意识与行为取向的视野看，城中村则可以看成是拟单位化建构的产物。村庄的非农化以各种不同方式积累起了属村民共有的集体财富，村财的分配与再分配以村庄居民的福利提升为目标，村庄办社会式的单位化倾向虽然不是最理性化与经济化的选择，但延续了几千年的传统农村社区发展模式却成了村民社区发展路径的选择中惟一最具习惯性的选择。因为在村落急剧城市化的过程中，其自主性选择空间与可支配资源都空前增加，借助于早已习惯化的发展路径便成为最自然，也最容易的一种选择。非农化村庄中带有普遍性的单位化趋向似乎只有在这种历史脉络之中才能得到较为清晰的解释。再者，建筑行为中居住主体对编码权力的控制也促使村民反对统建楼计划。深圳的'城中村'问题是历史形成的。虽然在各个时期，管理部门都制定了推动农村城市化的措施，但由于种种原因并没有彻底解决原居民的就业、住房和社会保障等问题，而主要是通过分配宅基地，由原村民自行建造住宅、解决就业，没能将原农村地区的土地、人员和市政建设与管理有机地纳入城市社会，因而形成了新的城市二元结构。很多市政建设和管理都是城市一套，城中村一套，原农村地区仍然按照自己的逻辑和方式发生、发展，自成一统，兀立于城市之中，形成了与城市其他地区的分殊"。

12. 该文件中指出："特区内的土地由国家统一开发，特区内的各项建设必须服从城市的总体规划，一切单位无权自行兴建建筑物，所有个人严禁在特区内私建房屋，以保证特区建设的顺利进行"。

13. "城中村"里听心声．深圳商报．2003-05-21

14. 关于严禁在特区内乱建和私建房屋的补充规定（深府布[1983]01号），1983．文件指出："自去年3月29日发出'关于严禁在特区内乱建和私建房屋的规定'后，特区内乱建房屋的情况有所好转，但私占土地、乱建私房、破坏特区发展规划的现象还屡有发生……农村人民公社社员建造私房，也要按照国家的有关规定统一规划，加强管理，建房用地必须报深圳市人民政府批准，以便合理布局，节约用地。对于过去未经批准，私人擅自占用土地建造的私房，要逐户进行检查，根据其不同情况进行处理。今后私人擅自占用土地建筑私房的，以违法论处"。

15. 深圳市人民代表大会常务委员会关于坚决查处违法建筑的决定，1999．文中指出："违法建筑行为侵占了国家的土地资源，侵占了社会财富，侵犯了公共利益，严重地影响了我市建设现代化国际性城市目标的实现。为加大力度查处违法建筑，严厉打击违法行为，根据有关法律、法规的规定，特作如下规定……"

16. 深圳拔掉"城中村"，农民全部"洗脚上田"．原载：2003年12月30日《中国青年报》记者：李桂茹，网址：http://www.abbs.com.cn/bbs/city/read?id=5997。

"……随意增建搭盖出租房屋现象普遍出现，低质量的民宅民居吸引了大量外来工，导致"城中村"居住人员的构成复杂化，同时为犯罪分子提供了可乘之机。日久天长，"城中村"就成了城市的死角、贫民窟和犯罪高发区……"．"……深圳市市委书记用"毒瘤"来形容城中村在深圳的存在。她说，"城中村"是第一次农村城市化改革的"遗毒"，第二次城市化必须总结第一次农村城市化的教训，否则可能再犯历史性错误……"

17. 深圳市罗湖区委区政府、深圳市社会科学院，"城中村"改造的新尝试——深圳渔民村旧村改造的个案分析，网址：http://www.people.com.cn/GB/paper85/9244/858097.html。"行为方式得到改变：渔民村人随着旧村改造，行为方式在三个方面有明显变化。一是从一家一户的传统生活方式，向开放型、多样化的生活方式转变，特别是追求健康向上、丰富多彩的休闲文化娱乐活动。渔民村成了省里的安全文明小区，市民也成了文明小区的成员，昂扬着社会文化氛围的新人新事层出不穷，那些反人类、反文化的丑陋现象在这里基本灭迹。二是从局限于家族亲缘的交往转向广交社会各方宾客。渔民村人不仅在深圳河畔留下了深深的足迹，还'走出去'到香港等繁华地区交朋友，干事业。眼界开阔了，生存和发展的空间也大了。三是行为准则，既遵守村规民约，讲究传统道德，又强化了法律意识，把自己的行为方式置于法制的约束之下，依法行事。这次旧村改造，从规划设计到市民与村股份公司签订拆迁合同以及按规划施工监理，无一不体现了依法办事的风范。进取精神发扬光大：渔民村人从村民到市民，从市民到现代居民的转变，每前进一步，都是进取精神的体现。现在，村股份公司提出'要彻底改造旧村'，并征得股民同意和争取上级的支持，从建设两个文明的高度，依法规划、建设一个基于中国传统文化之上的讲法知礼立德的现代文明社区。他们正在以进取精神为实现这一目标而不懈努力。"

18. 王宁，回归生活世界与提升人文精神，城市规划汇刊，2001(6)：8。

19. 沈慷、李致尧，如何恢复城市住宅区的生活交往乐趣．南方建筑，2001(3)：69～70

20. 黄琲斐，一座德国民居更新给我们的思考．住区，2002(1)：40～41

21. 锅立源．从自然村到城中村：深圳城市化过程的村落形态演变．2004，研究生论文。

"中国·大芬"油画工厂

都市实践

深圳这座城市存在着大大小小几十个城中村,往日农业社会恬适的村落在城市的快速化膨胀中陷落为座座孤岛,大芬村就是其中一个。与其他城中村极高的容积率和脏乱的环境不同,大芬村的建筑间距在常人容忍的范围之内,环境也因油画业的发达得到改善。大芬村的肌理具有独特性,它似乎具有可与欧洲城镇相类比的街巷空间形态:高低错落的屋顶轮廓、高窄的内部街巷和多样的色彩;但它的平面图底又类似于一个缩微的美国城市的棋盘格布局。它以高密度村落的聚居形态面向外部无特征的、庞大和快速运转的城市。

大芬村是中国当今最出名的村庄之一,大芬村里的画家、画工凭借其作坊式的经营方式,15年来使其迅速发展成为中国最大的油画、行画生产地。大芬村作为一个客家聚居的村落而占据了全世界60%的油画市场。大芬村制造的产品不是赝品,只是手工临摹复制的西方油画作品并且以相当低廉的价钱销售,因此严格意义上并未构成侵权。然而对于西方古典著名作品的大量复制和廉价销售无形中也使人们愈加熟悉西洋文化,并使这种文化符号不断通俗化和低档化。

大芬村的城市结构和街巷体验

大芬村有着迷你纽约式的城市结构加上类似阿姆斯特丹展示窗区的街巷体验。

大芬村是"城中村"但又与深圳大部分现存的"城中村"显著不同。像大部分"城中村"一样,它由单栋建筑构成独立的街块,建筑与街块合二为一,于是这些建筑/街块密集排布构成矩阵式的城市肌理。旧村、碉楼和中心祠堂仍然被紧紧地包裹在村中心,它们的原生形态构成了城市格网肌理的几何变异;然而与深圳大部分的"城中村"不同,这些街巷的尺寸并非狭窄不堪,像通常那些紧紧粘接在一起的"握手楼"和"亲嘴楼"在大芬村并未出现。街巷宽不过6m,窄也近2m,并且格局清晰,排列齐整;宽街可行车,窄街人行;村中心广场以及主街两侧设施齐全,村民生活与画工作坊紧密结合,互不干扰,形成

1. "中国·大芬"油画工场鸟瞰
2. 深圳大芬村基地现状

既有活力又宽松祥和的环境气氛。

由于建筑物与街块的合一，使得四面临街的建筑物有着极大的商业潜力和灵活性，宽街和窄巷中不时开有油画作坊。与一般在封闭画廊中展示画作的情形不同，村中的一间间画室位于单体建筑的底层，面向街道开放，画室既为生产和创作的场所，又是展示和销售之地。若行经此地，一幕幕画风迥异橱窗式的画面将展现在路人眼前，与此可类比的是荷兰阿姆斯特丹的展示橱窗地区。地区画室中这些画匠主要从事商业性的画作临摹，其日复一日的工作被来来往往的行人所关注，又可被看作某种程度的制作表演；流水线式的画作生产中又夹杂着少量自我创作的成分，此时此地，生活与艺术、艺术和商业之间的界限再次模糊。其实这种生产方式和销售方式与邻近的烧腊粉面店操作方式并无二致，路人与画工、作品之间保持着最直接的接触，通过交谈、观看、订单、运输等各种活动构成了一种异常生动的城市生活场景。

设计定位

传统意义上美术馆的围墙是艺术与非艺术世界的清晰边界，高度排它性使美术馆脱离现实世界而存在。然而，美术馆这一名称很难概括将位于大芬村的这座建筑的真实内容，它所包含的至少不仅是一座通常意义上的美术馆愿意和能够容纳的。正是在这个似乎最不可能出现美术馆的地方，我们希望它既能容纳当代艺术最为前卫的展事，又能兼容原生的新民间的大众艺术方式的介入。它应是高度混合的场所，油画卖场和艺术展示也许只是一墙之隔而且能够互相观望。艺术家工作室、茶室和咖啡店与电影放映多种内容的引入更加强化了与大芬村和周围城市社区生活的融合。高雅艺术与通俗文化在这里可能因新的空间关系而共存。

美术馆也借此成为全球化艺术商品市场一个快速流通的环节。美术馆不仅是一个定时开放的高姿态的城市装置，它应该更积极地参与到城市的日常生活之中，是一个可以产生各种"事件"的场所，给人们的生活提供多种可能性。目前以大芬村中心广场和两个入口地带形成的三足鼎立的油画产业带之间参

加比较孤立,如此定位的大芬美术馆建成后将会形成一个完整的产业圈。

环境

基地四周是大芬村、高层住宅小区、商铺、幼儿园小学,将这五点联系起来正好是美术馆基地的边界。由于长期以来片区处于无明确规划下的自我发展,基地周边的建筑凌乱分散,自成一体,混乱无序的场景需要一个强有力的回应。

对应四周复杂的环境,我们希望建筑以一个完整和多向性的体块出现,以削弱片区内的游离混乱感,并能以引领者的姿态在这一片区形成一个城市空间与社区文化的中心地带。此外,基地四周的建筑无论是学校还是住宅楼都处于相对孤立状态,与大芬村之间缺乏直接有效的联系。在这里美术馆可承担起连接周边各地块的责任。建筑是从多个方向可以被穿越的,同时它也能增加人们聚集和各种活动的向心性,并借此发掘周边环境潜在的可能性。

建筑

整个建筑呈现类似"夹心饼"式的功能分布:首层是灵活多样的油画销售和多功能厅、咖啡厅等配套设施,销售厅面向广场有独立出入口;由一层入口广场的大坡道拾阶而上可达二层艺术展厅,展厅按一条顺时针由西向东逐级上升的螺旋线展开,由屋顶垂下的盒子提供了大小不等的采光天井。盒子内部采用大芬画家常用的新民间壁画形式绘制成为永久性展品,盒子之间的灵活空间可布置各种临时展出。倾斜的屋顶和悬挂的盒子几乎呈现了一个倒置的城中村格式,这样的空间构成方式与展厅内不断变化的艺术展示活动形成了新一层充满矛盾和混淆的复杂关系;三层屋顶庭院具有一定的公共性,围绕它的咖啡室和艺术家工作室既服务于美术馆内部也方便到此游玩的市民;庭院通过南、北、东三面的过"桥"与外部街道联系,周围市民可以借此抄近路或者散步休息。

立面呼应平面布局上的概念表达,但方式更加直接:立面的肌理实际上就是一张大芬村图底关系的重释。运用"浇铸"的方法,将大芬村的空间形态延伸到了立面上,原本的建筑化成凹凸深浅不一的"盒子",但"盒子"虚实交叠,虚的为立面的开窗采光需要,实的可作为大尺度画板出现。这些预留的画框为大芬村的画家们提供了一个特别的创作舞台,如此,随着时间的推移,美术馆的立面便成为了一张与大芬村共同成长不断改变的表皮。

4. 深圳大芬村基底现状
5.6.7. "中国·大芬"油画工场模型

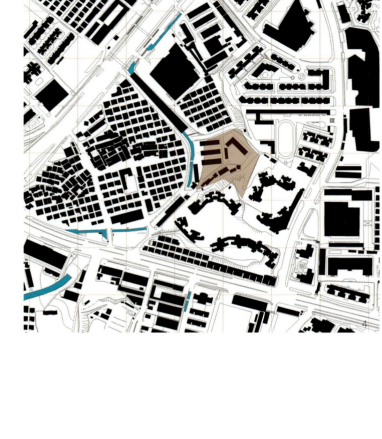

8. "中国·大芬"油画工场室内
9. 人们穿越工场时的场景
10. "中国·大芬"油画工场模型

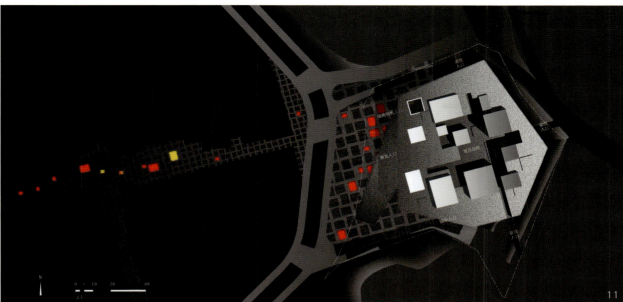

11．"中国·大芬"油画工场总平面

12．人们在工场内休闲、工作时互动的场景

13．"中国·大芬"油画工场的成长立面

极限生存与未来憧憬

深圳汤桦设计咨询有限公司　汤　桦

> 人们云集城市是为了生活。为了过上幸福的生活，他们聚集在了一起。
>
> ——（古希腊）亚里士多德

诺贝尔经济学奖获得者约瑟夫E.斯蒂格利茨在2000年提出：21世纪对全人类最具影响的两件大事，一个是新技术革命，另一个就是中国的城市化。中国城市化的目标是在未来20～30年左右的时间内，将5～6亿农村人口转变为城市人口，平均每年达2000万～3000万。最终中国农村只留下1亿人口。在中国最近十几年的急速的城市化运动中，深圳是最为典型的代表之一。在设立特区之前，老宝安县只有不足60万人口。1995年，深圳人口超过300万。十年后的今天，深圳的人口增加到1200万。而纽约用了100年时间（从1872年到1972年）使人口增加到1300万。深圳市户籍人口与暂住人口严重失衡。根据最新的人口登记数字，截至2005年4月初，全市约1200万人口，其中暂住人口达1026万人——他们中有60%居住在出租屋，即由深圳原住民所建，大部分在"城中村"内的近200万间（套）出租屋。其在深圳20多年的发展历程里除了为暂住人口解决了栖身之所之外，还为深圳贡献巨额租金收入，仅近两年每年即达300亿，占深圳年GDP总量的10%强，几乎与支柱产业金融服务业等高。

现状

目前深圳共有以行政村为单位的城中村241个，其中特区内城中村91个，特区外城中村150个。以自然村落为单位的城中村和旧村则更多，共计2000余个。总土地面积43.9km²。2004年，深圳共普查登记的城中村出租屋195万（间）套，居住人口超过600万，其中原住民35.8万人。可能没有哪一个城市像深圳这样有这么多的城中村（特区内共有173个自然村，约10余万栋的农民房，面积总量逾1亿m²）。城中村现状开发强度很大，容积率一般都达到3.0左右，市政公用设施欠缺。

对于世代耕种以土地为生的村民来说，"城中村"改造，意味着失去相对稳定的基本生活来源，在城市居民的社

会保障体系尚未健全的时候，这部分居民的未来将如何发展？他们如何完成从村民到市民的切换？会不会由于改造引发新的社会矛盾？这也是"城中村"改造最尖锐的问题。

历史现状

深圳市规定每户原住民的宅基地为100m²，每层建筑面积小于80m²，高度小于3层，相互间距2m。在20世纪80~90年代期间，城中村原住民基本上是按此规则进行私宅建造。但是在20世纪90年代以后，由于巨大的经济利益驱使，私宅被重新改建，绝大部分均为6~7层，相互之间的距离仅为最小的施工工艺需要的尺寸，最小的大约1m左右。

从深圳市的版图和城市的肌理看来，城中村呈现出与源于现代西方城市规划理论塑造的城市结构相对的极大的差异性，也反映着与现行官方的城市规划法规大相径庭的规划设计思想。经济利益的最大化与空间使用的极限状态在此以"准城市"的形式表露无遗。它作为深圳城市的历史文化遗产，其社会风貌和邻里氛围折射着家族式集落的特色。它以极高的密度代表着经济利益的意志，以空间的方式描述人与人之间的密切融洽关系和抵抗都市化的努力（如村内对汽车的严格限制），以及对乡村和乡土的守望（如寺庙与宗祠的神圣地位）。在其私有领域最大化的纲领下，我们仍然可以察觉到对于公共空间的分布与组织的基本策略，即以连贯的线路形成主要的商业街道界面和与之相连的公共广场，在线形空间没有覆盖的区域设置微型广场形成次一级的中心，二者在由标准化的私宅形成的"面"之间建立"缝隙"和"空洞"，使难以想象的超高密度住居得以有效的调节。

现代城市以花园式的空间规划作为人们生活与其中的标准式样，而居民则被排除在官方对于理想主义的城市生活的画面之外，通常被定义为"本土的"，"自发的"，由本地居民参与的，适应自然环境和基本功能的营造（Oliver，1997；Rapoport，1969；Rudolfsky，1964）。如Rapoport所认为的民居是人们追求欲望，满足需要的直接而未经深思熟虑的反映。在城市发展的过程中，拆旧建新作为最简单有效的方式，同时也会导致很多社会资本的损失。在这些社会资本中最有价值的就是居住在旧村中的人们之间历经多年建立起来的庞大社会关系网络，以及居民之间深厚的感情和友谊。而且这种居民式的空间形式是建立在最节俭的原则之上的，它几乎是其后面所代表的占城市人口六成以上的利益群体的生存环境和安身立命的基础，使人难

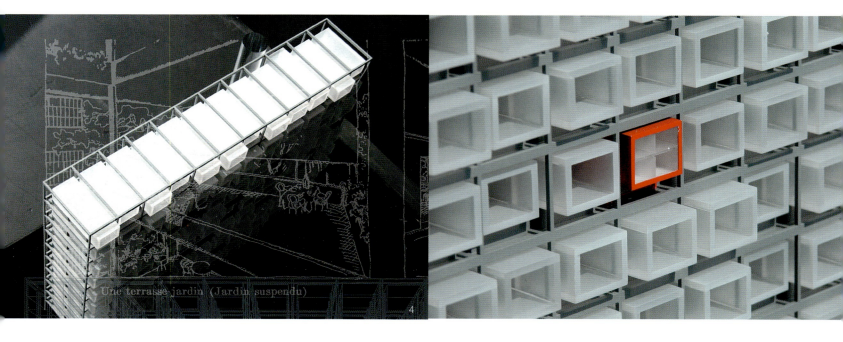

以忽略的。如果我们还坚守我们的专业准则,如果我们还相信我们的城市是为全体市民的城市,如果我们的城市是一个向全体生活于其中的人们敞开大门的家园,我们就没有任何借口回避这一问题。

Henry Glassie在他极有影响的《中弗吉尼亚民居》(Folk housing in middle Virainia)一书中曾谈到(借助了著名语言学家Noam Chomsky在语言学上的研究成果)一种关于居民的"建筑能力"(Architectural competence)的观念。"建筑能力"指的是"一套有关于民居形式和功能在技术的,几何学的,运用方面的技能和原则。这些技能和原则不是告诉营造者如何来建造房屋的,而是如何来思考房屋的……它们如同语法对于语言的规范一样,但有常常搀杂着不经意的个人注释和发挥"。Glassie的论述形象地说明了居民建造者们是如何下意识地运用这些法则的:如同人类使用语法来组织语言交流一样,建造者们只是去考虑如何使用那些法则而从未试图去了解它们本身的意义。"建筑能力"所提供的不是具体,明确的做法,而是为整个社会所广泛接纳的关于居民的一般性指导原则和模式。这些原则是居民建造的基础,它们对于民居的样式具有很强的约束力,但是同时又提供了一定的灵活性允许建造者们表达出各自的特点和想法。正是因为它们的约束和保证,一个社会关于其特定民居的社会观念和思想才得以成功地纳入民居之中并作为文化不断地保存下来。这与Rapoport关于文化与住屋关系的想法十分类似。同时,这里必定也包含着社会和经济的法则。而且由于每一种密集类型都具有独一无二的特征,城中村的模式在某种意义上可以被认为是"紧缩城市"(Compact city)的一个中国文本。

深圳城中村案例的的关键在于:当新的花园式住宅区在原地取代城中村的民居之后,会不会导致整个与之相关的社会生态系统的混乱?或者使已经多元化的城市共生机制失去一个重要的物种因素?根据最近关于城中村改造工程的规划方案,规划师想要带给居民的是一个无异于华南任何一个城市的高层建筑花园社区。姑且不谈它对城市文脉和本地、本村特点的忽略与漠视,更值得注意的是当这些新的社区一旦建成,数百万城中村"暂住者"将无力承担高额的居住成本,最极端的后果是最终选择离开这座城市。其直接的结果就是深圳将失去大量的劳动力来源,进而导致整个城市的运营成本大副提高。

改造政策

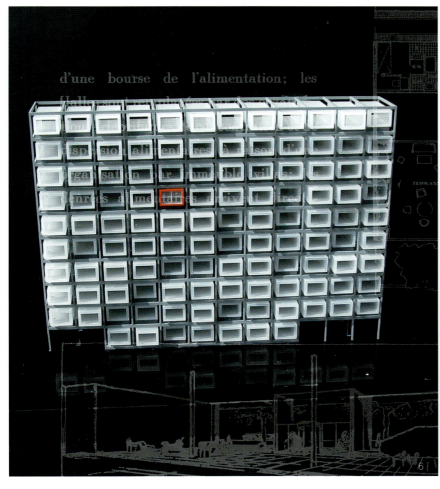

目前深圳市改造城中村的基本原则是：首先由政府部门按照城市总体规划要求对城中村进行统一规划，房地产开发商对城中村进行开发。开发获得的建筑面积对每户原居民按每户480m²进行补偿，其余部分由开发商自行按商品房价格公开销售。2004年，在深圳市展开"梳理行动"中，全年总计拆除乱搭建3833万多平方米（《深圳特区报》公布的数字）。《21世纪经济报道》记者金城等撰写的《深圳"梳理行动"：急速城市化的中国标本》一文援引深圳市城管局的负责人的话说："按最保守的每10m²居住1人计算，（这次梳理行动）所涉及到的流动人口也在百万以上，（所以）实际上是在迁移一座百万人口的中等城市。"因此，除去政府和其他机构建设的大型公共项目和市政设施以外，深圳的城中村改造工程几乎就成为了对于城市的经济结构和人文环境均具有重大意义的建设项目。不仅意义重大，而且规模巨大；动用和牵涉的社会资源都足以影响城市经济结构和社会结构的改变与发展。

空间比对

深圳市福田区的岗厦村是位于深圳福田中心区的一个城中村，其密度和容积率早已超过正常指标。如果在岗厦村截取一块100m×100m的地块，按照前面所提到的原住民的宅基地用地标准，该地块可容纳100栋平均7~8层高的多层住宅，按每10m²居住1人计算，生活于其中的则有4000余人左右。而按照深圳特区通常的高层住宅建筑的容积率大约为3.5~4.0倍的指标对其进行开发，建筑面积为35000m²~40000m²，与现状相差不大。其中的居住人数也是4000人左右，开发成本无法稀释。如果要达到8％微利润率，则需要提高容积率至6.0倍，其结果是环境并未有明显改善，但一切倒是符合法规了。还有一点就是，由于住屋形式的改变，导致租金和物业管理费的提高，从而建立了一个更高的入住门槛。

基本策略

缓慢——从世界城市发展历程来看，在城市规模扩大时难免会遇到此类问题。对于不符合城市规划的旧村或建筑，一些欧洲国家的做法是只要其保持原状，政府就暂时不动它，但同时要做出规划，当该处旧村或建筑一旦将有所改变，便会要求其必须与新的规划相吻合。旧村和旧城区改造是一个城市对其进行逐步吸纳，逐步改造的过程，世界上很多国家都走过了这样的历程。深圳如果想人为地避

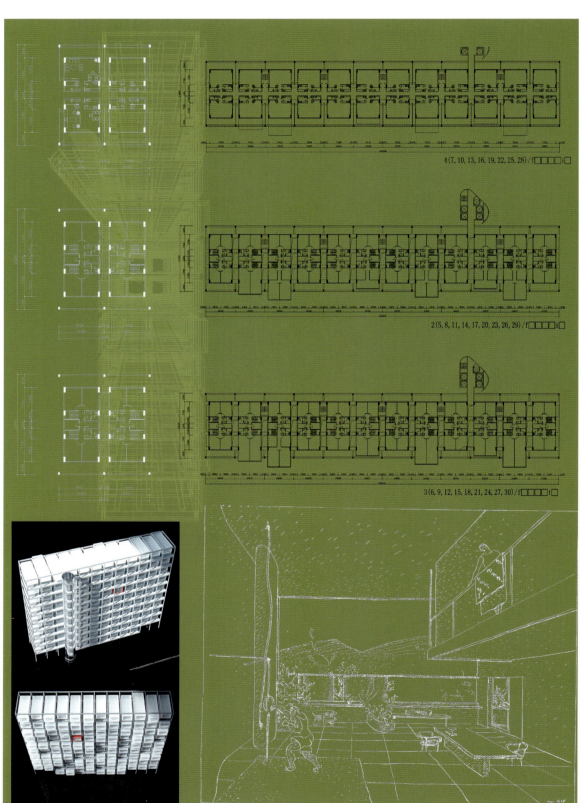

免这种历程，以快刀斩乱麻的方式在几年的时间内迅速改变一种城市生活空间的存在模式，是有悖于事物发展的内在规律的。

这种做法对于深圳这种高速增长的城市而言也许是有点消极，但是我们仍然有理由深信"缓慢"之于当下的重要意义。首先，当对某种事物还没有找到一个正确的工作方式之前，我们宁愿暂时得到一个缓和的时间。其次，如果我们回顾历史中的伟大的建筑和伟大的城市，例如文艺复兴时代的建筑师（包括规划师，装饰师及物品设计师）都是在已有设计基础上共同作业，他们清楚这是一项仅以个人的力量无法完成的工作，他们抱负远大的艺术志向，以工匠的身份献身于艺术创造，以几代人的劳绩创造永恒。由此，产生了当今所罕见的高质量设计，这是设计的凝聚，也是诸多概念，思想，内涵的凝聚。就此而言，时间显然是必要的。类比我们的城市和我们的设计，艺术追求中的缓慢，乃至生活态度的平和，以及城市生命体的有机生长和发展机制，都是我们在积极和健康地建设我们的城市生活空间的同时，创造出伟大的城市和建筑的基本条件。

参与

民居最打动我们的地方是基本模式和随机性的对比，是非设计的，是自然的，有机的，其后隐藏着使用者的愿望和生活经验。Louis Kahn称之为"玫瑰就想成为玫瑰"的"存在意志"（Existing Will）在形而上的层面对其进行了描述。而Christopher Alexander 的"Pattern Language"则可以认为是以理性主义和理想主义的方式在形而上和现实之间架起了一座桥梁。Ralph Erskine在1968年～1974年在英格兰Newcastle upon Tyne设计建造的Byker Wall 居住区基本上是现代建筑师与使用者参与设计的惟一成功案例。工程实施了6年时间，在项目完成了10年以后，90%以上的用户表示满意，这对于一个低成本的出租住宅而言是一个很难得的高度评价。而对于中国的旧城改造项目，学术界与开发的操作者之间往往由于各自的立场和利益的差异而持有不同的观点，规划和开发机构由于种种原因在关于城市结构遗产的课题上几乎仅停留于学术研究和审美的层面，至于用户参与设计的想法就更是成为教科书和建筑史上的一个美丽的神话。而学术本身则由于全社会的商业化和功利主义而显得苍白和脆弱，这在很大程度上使"保护与开发"和"用户参与设计"的严肃话题变成了装饰门面和难以操作的老生常谈。因此，"用户参与"的可能性有待与从专业职能和经济利益两方面得以保证。

抵抗建筑学

如果有一种以西方意义的知识分子（intellectual）的立场来定义的建筑学理论，我想那就应该是"抵抗建筑学"。所谓西方意义的知识分子的立场，就是批判和不妥协的立场；所谓"抵抗建筑学"，我们可以用"本土的"，"自发的"，"非规划的"，"非建筑师的"，"边缘的"，"反心中的"，"反汽车的"以及Kenneth Frampton所言的"批判的地域主义"……等等类似的词语来模糊地定义其表达的内容。城中村几乎是在各个方面都以不同的方式折射着上述词语所承载的意义。对现代都市的各方面的反省使我们对于营造理想的生活空间的疑问日益加剧。在宏观的层面上，城市与乡村的对比与反差由于功能的原因而成为客观的事实，而城市本身的多元文化导致的多样性空间也是城市生活质量的重要指标和阅读城市的核心内容。现代城市规划和建筑学理论在一定程度上以机器美学和功能主义为基本纲领，从而导致网格化图案的城市结构成为国际化的样式。Colin Rowe &Fred Koetter 在《拼贴城市》（collage city）中谈论过科学家（工程师）是以"驯服过的思维"，通过结构来创造事件，向宇宙提问，而"拼贴匠"则是以"原始思维"，用事件来创造结构，是与从人类奋斗中遗存下来的一堆剩余物之间的对话。并且二者思维方式并不表示一种进步的序列，事实上，它们在思想上必须是共存和互补的。观察和的体验任何一个充满生机的伟大的城市，这种二元或多元的共存所带来的魅力总是深深地感动着我们而使人难以释怀。

"垂直村落"——城中村改建设想，以田贝村和岗厦村为例

在垂直方向设置10m×10m的结构框架网络，在每个单元网格内为一户，每户为3层，其面积大约等于现状每户的面积。每个居住单位仅为一个宅基地意义的工程平台，住户可以按照自己的需求和结构的极限营造其生活的空间，约100余户居住单位集合为一个架空于旧村之上的垂直村落，而地面尽可能保持现状的肌理，空间和功能关系。

以保留原状的策略对城中村进行空间的叠加，在维持原封不动地"定格"城中村的空间格局的同时，增加约1/3的容积率，可以在经济运做的可行性方面得以具有说服力的支持，这无论是对于城市功能的完善，丰富城市的空间样式，以及保护深圳的城市遗产，都具有相当现实而深远的意义和学术价值。

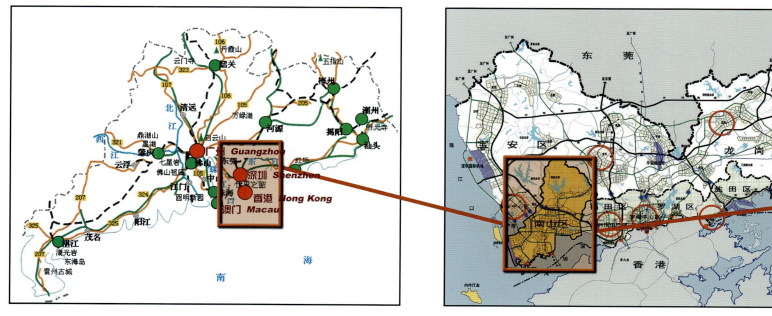

珠三角城市区位图　　　　　　　　　　　　　　　　深圳城市结构

深圳"城中村",城市设计能够做什么?

同济大学建筑与城规学院城市设计研究中心　戴松茁

一滴水珠可以折射出阳光的无限种色彩,"城中村"研究也类似。

"城中村",顾名思义,一个个城市里的村庄,一个个城市中异质肌理的岛屿和割裂的领域,一个个廉租居屋经济发达的场所,一个个高度的匿名(anonymity)与自治(autonomy)并存的地方……从它们的形成、演变的故事,到其存在利弊的讨论,有关的巨量信息涉及到了方方面面。我们可以据以判断它绝不单单是中国高速城市化进程中的特殊现象,也不仅仅是一个关于"好与坏"、"对与错"、"保存或改造"的简单命题;而是吸引了众多的关注目光,包含着诸多从社会经济因素到环境建筑问题,要求多学科多角度去看待和解决的、一个个鲜活具体的、可以折射出不同的态度、立场和利益的丰富个案。

以深圳"城中村"(大新村)为课题的城市设计,首要的便是需作出关于特定地块的城市形态的远景构想。这种构想的来源多种多样。例如:从我们当前所处的信息时代来看,数字技术、知识经济、环境意识以及高度个性化等因素赋予当代设计有别于传统的农业、工业社会的鲜明特点[1]。再如,考察深圳这个年轻而光荣的城市,可以发现,在其越来越受到土地及其他生态资源的制约从而走上科学集约化的精明发展之路的今日,2005年深圳城市/建筑双年展以"城市,开门"为主题也许反映了政府、市场、专业人士以及公众的某种态度——就像阿里巴巴"芝麻,开门"一样的神秘呼唤——期望开启城市自身蕴含的无尽宝藏。

除了构想的合理来源,值得一提的是,作为城市设计提案的城市形态结果每个都应该兼具形态自身的独特性和城市系统的协调性。前者要求设计人有自己独特的视野和处理方法,后者则使得设计前的分析和设计后的成果相当大程度地有赖于公众性共识。由此也可以印证,城市设计实在是一项艰巨而繁杂的工作。

为了简洁明要地尝试回答"城市设计能够做什么、能够为'城中村'做什么?"的问题,我们同济大学建筑与城市规划学院城市设计研究中心承担的硕士研究生国际联合教学在深圳"城中村"城市设计教学过程中,建议并鼓励以"做动作"作为城市设计出发的基本点。因为动作与

1. 从区域到城市到地块的逐层聚焦分析（第一组）

南山区区位图

基地区位图

1

形态的改变最直接相关。与城市规划关注"做什么（What to do）"——主要进行资源分配相比，城市设计更多关注"怎么做（How to do）"——"做动作"理应是城市设计作为一个专门的设计工作的最基本的职责所在。而规划和设计需要共享的背景知识，即其他相关的城市研究"为什么（Why to do）"也是城市设计师不可或缺需要考虑的设计前提。

动作之前，有赖于对现状物质环境的客观分析，从最为基本的城市尺度、城市结构肌理、城市界面的延续性、地块人口容量，到周边及内部道路系统、各种基础设施的管网系统等等。在此阶段，除了必要的基地调研外，对地图的阅读（Map Reading）也是极其重要的一个步骤。作为专业训练手段，我方合作了十年的友好学校美国普林斯顿大学每次都是采用苏州园林地图作为起始作业材料的。不仅因为空间图式在涉及到人的基本行为和物质世界两个方面连接的高度一致性；并且我们发现，作为中国典雅文化代表的苏州私家园林所具有的极其高超的诗意手法即便在全球化的今天也具有完全的世界普适性，其可传达、可

理解的形态特征具有禅宗所谓的"直指人心"类似的作用。对我们而言，需要更多的也许是专注的心灵。

动作本身，本文试举例如下。对于边界和领域的有：打开（Open）、围合（Enclose）等等；对于物体和空间的有：孤立（Isolate）、插入（Insert）、移取（Move）等等；对于界面、道路、线性设施的有延续（Extend）、连接（Connect）、打断（Break）等等；对于肌理结构的有：擦拭（Erase）、肌理重构（Re-fabricate）等等；对于系统组合的有：分层（Layering）、叠加（Overlap）等等；凡此种种不一而足。各种动作在塑造形态的过程中既可以单独使用，也可以叠加复合使用。

目前深圳"城中村"及其已经改造的实例，已经具备了多种多样的模式，在塑造易于认知的场所、有机融入城市生活、输入并理顺基础设施和生态系统同时又保持良好的社会经济可持续性等方面，各有所长。当代城市设计的介入，能够在形态的塑造和连结上，提供真实活跃的有效干涉激发点。

作为在英语世界中被创造和广泛使用的一个动态概

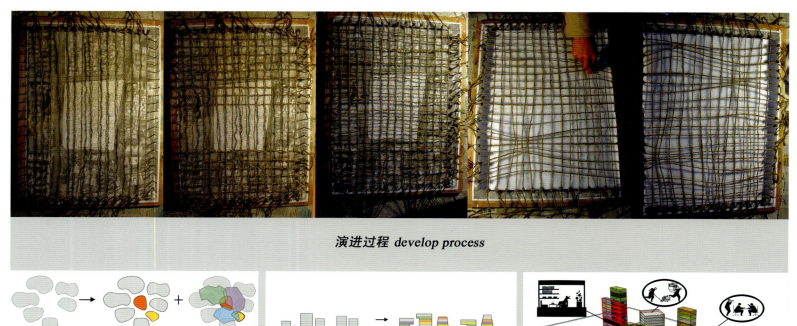

演进过程 develop process

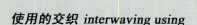

使用的交织 interwaving using　　　容量的交织 interwaving volume　　　未来的图景 The future

念，"城市设计"（Urban design）从它在20世纪50年代末诞生起曾历经了20多年的质疑。如果可以参照美国经验，城市设计在我国要成为一个真正确立的和有用的职业的话，它仍然需要在实践中有更多建成的经济成功的个案支撑[2]。而自从20世纪80年代末被引进之后，城市设计在我国近20年的实践与之在60、70年代的美国的处境除了类似之处外，还有大量的急需创新之处。正如"城中村"问题的独特性一样，我国当前的高速城市化状况和我们所处的全球化信息时代前所未有。

迄今为止，不可避免的提问仍然在一遍遍地进行：城市设计究竟是什么？城市设计究竟能发挥何种作用？城市设计和其他相关城市研究的关系到底怎样？如何着手进行真实有效的城市设计？中国的城市设计学科有何特点……？来自各种不同研究背景的回答，将一直都随着我们的城市实践，促进城市设计，在调整中发展，在发展中调整。深圳"城中村"所蕴含的社会、环境、经济的丰富的不确定性也有助于我们进一步深入思考。

最后，感谢深圳城市/建筑双年展组委会和同济大学建筑城规学院奖全力资助，感谢双年展策展人张永和教授，感谢调研期间深圳大学各位朋友的热情款待和帮助。并且，2005年也是同济——普林斯顿研究生城市设计联合教学十周年，这个联合教学项目的开拓者卢济威教授和Mario Gandelsonas教授自始至终给予我们温暖的关心和指导，特此致谢。

附：同济大学参与设计的硕士研究生名单
第一组：赵柏洪、吴宁宁、辛潇
第二组：叶青、米佳、徐嘉铂、颜昌文
第三组：刘开明、张佳、李一
第四组：马之春、陈羽、谢立伟
第五组：甄怡、吴晓楠、崔垠、吕克
第六组：宋晶、张蓁、邹勋
第七组：奚梁、张艳、王杉
第八组：王涛、陈琦、张靓

注释：
1. The Metapolis Dictionary of Advanced Architecture City, Technology and Society in the Information Age, by Manuel Gausa; Vicente Guallart; Willy Muller, Sept 2003, ISBN 8495951223, ACTAR, Barcelona
2. Urban Design, The American Experience, by Jon Lang, Feb 1994, ISBN 0471285420, John Wiley & Sons

2.3.交织与叠加(第三组)
4.从抽象到具象(第三组)

3

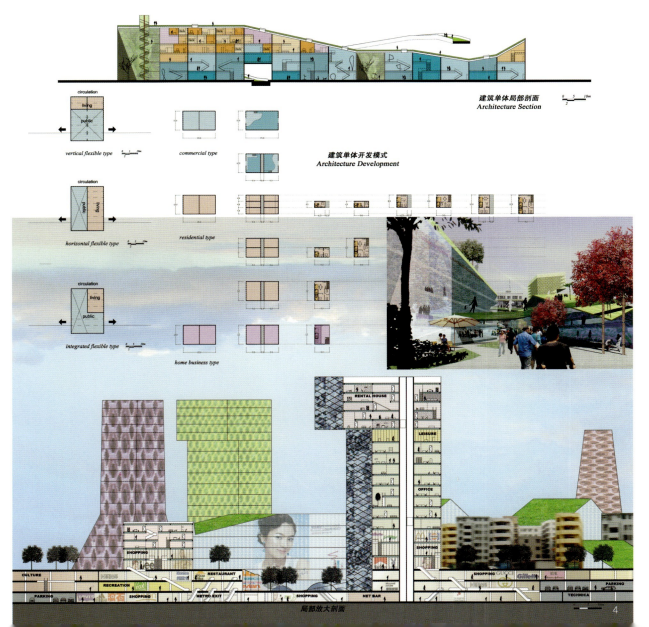

4

5. 绿色新地景的畅想（第七组）

THE OPEN SPACE (CORE) BE SQUEEZED CONTINUALLY DISORDER AND UNHEALTHY

origanal mode

THE BUIDINGS DEVELOP ACCORDNG TO THE OPEN SPACE(CORE) WITHE THE CORE SYSTEN DEVELOP ORDERLY

plan mode

GROWTH GROUP

 **F-G**
 **GREEN**
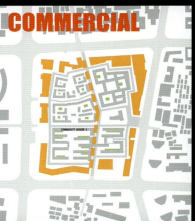 **COMMERCIAL**

SYSTEM TO SUBSYTEM
3D GREEN SYSTEM
PEDERSTRATION
INNER COMMERCIAL

公共空间作为生长点,核到次核,层层推进立体绿化,嵌入式样商业发展,完整步行体系,激活片区,内外联动。

6. 场所及核心的形态（第八组）

1. 深圳市大新村问卷调查

相关问卷调查 Context Survey

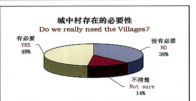
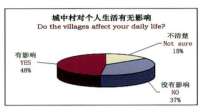
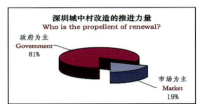
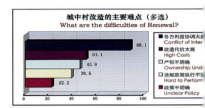

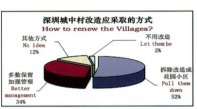
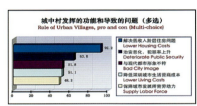
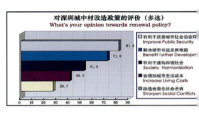

城市设计作为"城中村"改造的一种策略
——以深圳大新村联合城市设计为例

同济大学建筑与城规学院城市规划系　李　晴

"城中村"是我国城市化过程中出现的一种特殊的物质和社会空间现象。作为当前的一个社会热点问题，"城中村"现象引起了各方面的关注。一些学者、专家和政府官员从社会、经济、土地制度、管理政策和物质空间等不同层面对"城中村"展开探讨和研究，但是在城市设计视角层面的研究文献较少，"城中村"作为一个"落后"的社区能否成为城市设计的对象，这是预先设定的一个疑问。本文想探讨以下三个问题：城市设计能否涉及"城中村"改造？"城中村"改造的物质与社会维度如何？以及改造措施如何展开？

一、城市设计作为"城中村"改造的一种研究方法

1. 从问题出发

学校在课程设置时，曾在内部讨论"城中村"是否适合作为学生城市设计课程设计题目，我们教师心里并不是十分笃定。城市设计一般是关注公共领域，城市设计在我国的操作对象主要是城市中心区和城市重点地区的开发建设。但是随后我们认识到"城中村"的特殊性，它与目前国内流行的住宅区"城堡"（Castle）式开发模式不一样，"城中村"是一个开放的社区，内部充满了各种突出的问题和矛盾。从问题出发，对"城中村"问题进行分析、解剖并给出逻辑性的形态学解答，将是一件富有挑战性和重要意义的工作。城市设计不仅作为一种审美观念解释，而且应该有效地解决实际问题，对城市的发展进程进行预测和控制。

2. 规划还是设计

"城中村"是属于一个物质形态还是一个社会性问题？答案是两者兼而有之。当今的城市设计理念已经超出单纯的物质性空间维度，社会、政治等其他维度也渗入到城市设计的操作和关注之中。对"城中村"问题的解决可以从规划入手，但规划的长处是对资源进行调配与整合，而只有设计活动才能对城市空间的本质施加影响。对于同一个城市空间，不同的空间营建方式可以创造出高质量、友好和生机勃勃的建成环境，也可能产生低质量、冷漠、

2. 深圳大新村现状
3. 深圳大新村三维体量研究

单调的城市空间环境。正是在这种背景下，现代城市设计才"挺身而出"，意图拯救城市空间与环境。

3. 社区作为城市设计的一个实践领域

社区作为城市设计一个重要实践领域的活动已经在许多国家展开。在新城市主义思想引导下开发的项目大多属于社区城市设计的范畴。DTER（2000）提出了四种当代城市设计实践，社区城市设计就是其中很重要的一项。社区城市设计应创造适用于邻里尺度的社区空间环境，使用一切可能的方法和技术手段满足环境使用者，促成社区成员的参与。城市设计应该成为社区组织活动和更新发展的激发器和催化器（Community Motivator or Catalyst）。

二、"城中村"改造的物质与社会维度

1. 视觉艺术还是社会场景

"城中村"改造涉及城市设计的多个维度。Bob Jarvis在《城市环境：视觉艺术还是社会场景》一文中，讨论了两种城市设计传统："视觉艺术"或者"社会使用"的城市设计。"视觉艺术"是一种较早、偏物质性的狭义城市设计理解，注重城市空间的视觉质量和审美经验；"社会使用"的理念更多地将物质形态与社会形态两者结合，关注人如何使用和复制空间，其与人、空间和行为的社会特征密切相关。"社会使用"的城市设计理念认为应该尊重社区原有的社会关系和文化，城市应该成为生动、复杂和积极的生活剧场。

2. "城中村"改造的形态维度

"城中村"内曲曲弯弯的小径、一家一栋楼房以及土地权属分散的居住形式，反映出它的空间形式常常是前现代的空间遗存。村落中遗留下来的古庙、祠堂、古屋、路径和村子的地脉关系使之含有丰富的传统历史信息。

坐落在深圳南山区的"大新村"并没有像罗湖区和福田区的"城中村"那样因为区位优势而造成极高密度开发的"城中村"现象。"大新村"的村落空间仍以多、低层的住宅建筑为主。尽管由于配套设施、管理和维护不足，村落的环境卫生状况不佳，村落内部不少街道空间仍是人

4. 生活轴线
5. 寻找"兴奋点"
6. 连接"兴趣点"

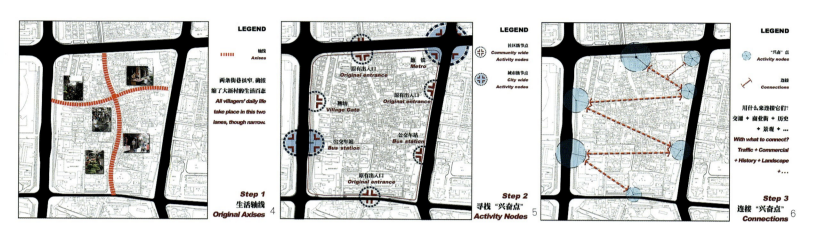

声鼎沸、人气旺盛。蜿蜒而不规则的临街面能增加街道的围合感，而且运动中提供给观察者不断变换的视角，带来当地文脉中潜在的视觉愉悦和趣味。在这里，村落的街道网络不仅仅是一个单一的运动或行进系统，它同时还是居民的活动和生活空间。这些街道网络基于步行者活动，并受当地地形影响自然而成，是村民穿越、看到和记住村落以及遇见同伴的空间场所。正是这些活动的网络，以及蕴育其中的日常生活仪式，构成了村落相对持久的集体文化记忆，并使得村落空间孕育了人文意义。

3．"城中村"改造的社会维度

位于城市市区范围内的"城中村"主要由两类特殊的人群构成：原在农田耕地或者在海边打鱼的村民，以及到深圳市打工的外来流动人口构成。"城中村"村民往往归属于在此居住了几十年甚至上百年的传统聚落，外来流动人口由一群漂移不定、以居于城市社会底层为主体的各种人员组成，对于这些人群的总体态度往往预先构成了"城中村"改造的不同价值观和出发点。"城中村"村民由于历史的原因常常形成了一套较为独特的生活方式和文化，它们通过习俗和日常行为表达出村落的空间意义。

三、精明的"城中村"改造策略

1．大清除改造与"精明增长"理念

早期现代主义城市规划设计体现了一种工业城市的理念，19世纪与20世纪早期发展起来的医学知识，为建造更健康的建筑提供了包括日照、通风、空气质量以及开放空间需求的各种标准。二战以后欧洲尤其是北美的城市按照现代主义思想进行了全面改造开发，这种模式创造了高质量的物质环境和高效率的交通系统，但与此同时，旧城拆除行动和新城开发设计破坏了历史的街道模式和传统的城市空间观念，瓦解了原有的经济和社会基础。

在反思现代主义失败的原因后，以北美学者和设计师为主体的新城市主义思想提出了"精明增长"的理念，它包括：促进紧凑、多用途的开发；建造适于步行、混合使用、易于识别的邻里场所，鼓励市民自行参与维护和改造；建立重要的经济激励制度，地方政府在国家制定的土地制度范围内采用"精明增长"的规划编制；建立多元的住宅类型和价格水平，使不同年龄、种族和收入的人们能有日常交往；在场所和邻里之间建立更强的社区感，在城市范围内培养区域间优势互补的团结意识。

近二三十年以来，在英国都市村落（urban village）的

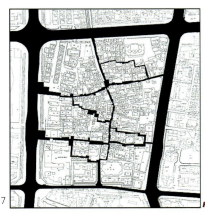
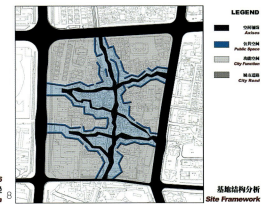

7. 叠加
8. 继承＋路径
9. 基地结构分析

理念不断地得到扩展。都市村落主张：都市村落的规模应该小到足以使所有的场所之间都可以步行往来，让人们彼此认识；大到足以拥有多种活动和设施，在其自身利益受到威胁的时候，能够站出来应对挑战；多元的功能渗透到街区和村落角落；包括居住建筑和工作场所的各种所有权和使用权混合。

在早期现代主义与当代强调人性化的城市设计两条不同城市发展路线中，政府主导的"城中村"无疑更应该偏向后者。

2．整合性城市设计对策

作为一种政治手段和策略，拆除"城中村"，可以快速地解决"城中村"的物质空间问题，获得立竿见影的城市环境改善，但是在完全拆除物质环境的同时，会消除历史空间依存，瓦解现存的社会性关系。而且这种方式并不能肯定地说解决了社会安全问题，往往可能造成某种犯罪转移。积极的态度是采取管理和人气化的城市设计方法，包括设定明确的规章制度、规范的公共空间管理、提高场所的可达性、包容性，增加吸引人的元素以及亲切、迷人的氛围。

城市设计是一种伦理活动，它关系到社会公平、平等的价值观和伦理问题。需要警防"城中村"改造的绅士化(Gentrification)倾向，绅士化并不能代表"城中村"改造的成功，它必然是以牺牲另一部分人为代价实现的。在强调科学发展观与和谐社会的时代背景下，应该考虑所有的人尤其是底层弱势群体获得居所和生存的权力。

四、"城中村"改造方案

这里简单介绍联合城市设计同济大学学生针对"大新村"改造的两个方案：

第一组同学[1]在分析城中村存在的必要性、城中村对村民个人生活的影响、城中村对城市发展的推进力量、城中村的问题和改造难点基础上，提出改造保留"城中村"的部分物质形态和社会形态，将城市生活导入城中村，提出的手段是以功能整合达到都市与村落的缝合，促进它们两者的融合与发展（图1～9）。

第四组同学[2]分析了"城中村"资源和空间的优、劣势，以及原住村民、市民、政府和开发商改造的尴尬，大胆提出资源整合和空间重组对策，强调二次创业成为"城中村"改造的动力，吸引"灰领"阶层入住"城中村"，村民的租赁从较为单一的住宅功能转为以小办公租赁为

10. 优劣势分析
11. 改造困境分析
12. 改造契机
13. 转型
14. 功能变化
15. 活动重构

劣势： Advantages　　**优势：** Disadvantages

资源 配置不合理　　资源 配置合理
　失去土地 占有空间　　　低成本城市生活
　文化缺位　　　　　　　多元文化

空间 环境品质差　　空间 活力/气氛好
　绿化/配套/治安　　　密度/聚合/人气

10

SHIFT SHIFT SHIFT SHIFT SHIFT

村民：
　　拥有住宅产权 → 拥有办公/商业建筑产权
市民：
　　低成本生活区 → 低成本创业区
政府：
　　有限控制城中村 → 有效引导城中村

11

改造尴尬　Embarrassment

Economic Problem + Social Problem

原住村民　失去了赖以生存的农田
　　　　　掌握了赖以生存的空间

市民　　　依赖低成本的出租屋
　　　　　向往高品质的公寓房

政府　　　城市改造的压力
　　　　　政策执行的难度

开发商　　土地价值的吸引
　　　　　开发利润的忧虑

12

SHIFT SHIFT SHIFT SHIFT SHIFT

功能变化：　　大量出租房+少量小商业
　　　　　　　　　　↓
　　　　　适量创业工作室+适量出租房+适量配套商业

投资变化：　　　　　　政府投资
　　　　　　　　　　　↓
　　　　　　　　　　社会投资

空间变化：　　高密度 高容量 低品质
　　　　　　　　居住空间
　　　　　　　　　↓
　　　　　　中密度 高容量 高品质
　　　　　　居住空间 + 公共空间

13

Industrial UPDATE
城中村改造为契机 推动区域产业升级

Housing Tenancy → Office Tenancy
住宅租赁　 →　办公租赁
　　　　　联动效应：商业租赁
　　　　　　　　　　餐饮租赁
　　　　　　　　　　娱乐租赁
　　　　　　　　　　文化租赁
　　　　　　　　　　……

办公定位　→　"创业 + 灰领"

14

Activity Restoration
活动重构

完善必要的服务与设施

提供多层次的公共空间和绿化空间

重新组织区域内人的活动和外部场所

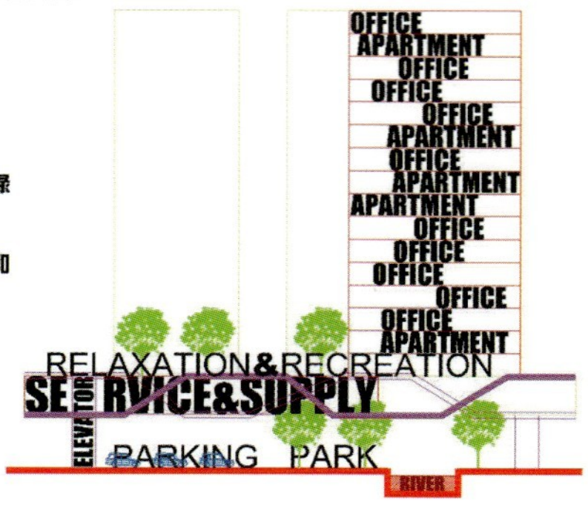

OFFICE / APARTMENT / OFFICE / OFFICE / APARTMENT / OFFICE / OFFICE / APARTMENT / OFFICE / OFFICE / OFFICE / APARTMENT

RELAXATION&RECREATION
SERVICE&SUPPLY
ELEVATOR　PARKING　PARK　RIVER

15

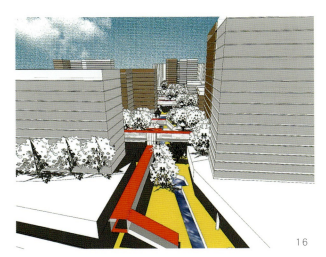

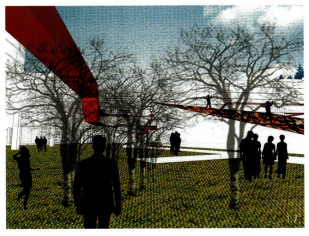
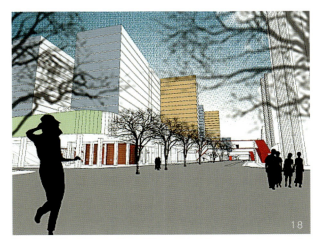

主,由此带来商业、餐饮、娱乐和文化功能的联动效应,通过这种功能转换,使得村民、市民和政府均从中受益(图10~18)。

村民从拥有住宅单一性产权转为拥有办公、商业多种综合性产权,以此促动村民资产的提升。

通过加强管理和环境整治,使得部分市民和外来租民可以把"城中村"视为低成本创业与生活区。

政府则从消除"城中村"空间环境顽症走向有效引导城中村发展。

五、结语

城市设计是一个不断扩展中的专业和设计思想与方法。"城中村"的改造是本次联合城市设计的一次课题和实践,我们初始的想法是把城市设计思想与"城中村"改造实践相结合,进行一定的逻辑性探索,利用设计解答实际问题。针对"大新村"这个具体案例,由于缺乏全面调研资料,同学们的方案总体上只能算是纸上谈兵,现场调研的不足也使得学生对城市设计社会维度的内涵难以深入。然而无论怎样,作为一次教学,同学们的思想火花还是有许多可嘉之处。

注释

1.同济大学联合城市设计第一组方案.学生:赵柏洪、吴宁宁、辛潇

2.同济大学联合城市设计第四组方案.学生:马之春、陈羽、谢立伟

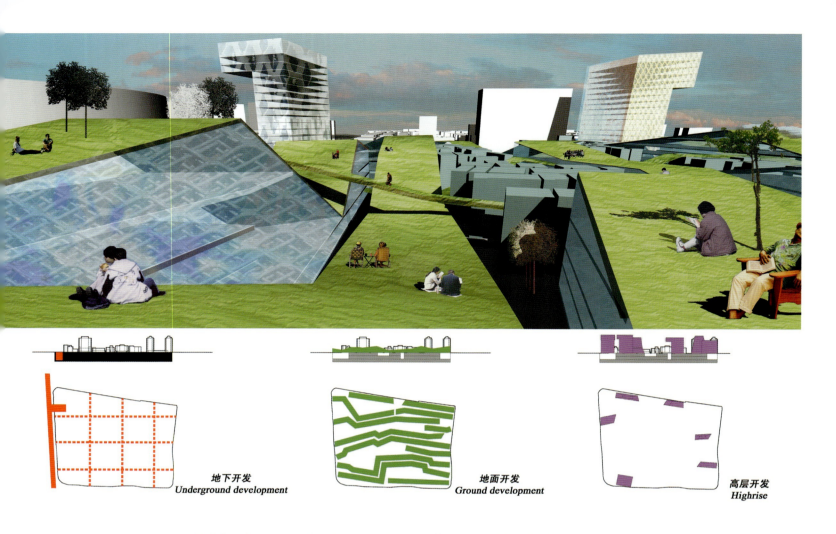

| 地下开发 Underground development | 地面开发 Ground development | 高层开发 Highrise |

对城市设计"形态结构"生成的发散思考
——深圳"城中村"城市设计过程

同济大学建筑与城规学院城市设计研究中心 庄 宇

在我国大中城市，城市设计介入城市建设过程，作为联系城市特别区域（段）的详细规划与包括建筑、景观和市政在内的工程项目之间的纽带，已经得到广泛运用。事实上，城市设计把"由下至上"的社会实际需求同"由上至下"的城市发展计划结合在一起，通过对三维向度的城市空间和实体（重要区块会涉及内部）形态的研究及其设计，形成更为具体的空间发展设计纲要，指导动态的城市实现过程。

这一过程，不仅需要规划、建筑、交通、经济和管理等专业知识的支持，也需要城市设计师对于"形态结构"的逻辑推断和形式把握，这里的"形态结构"可以理解为操控形态生成的内在结构。因此，在城市设计的教学中也分为实务型和概念型两种训练方法，前者面向具体的、综合的能力训练，后者则把形态生成逻辑与表达单独抽取出来，强调结构性的形态构成能力培养。深圳"城中村"城市设计（同济大学案）属于后一种训练。

受深圳城市/建筑双年展组委会邀请，同济大学建筑城规学院城市设计研究中心组织了二十多名研究生，结合城市设计课程教学，参加了深圳"城中村"——大新村改造设计，并提交了八个各有特点的概念方案。

有别于实务型的城市设计训练，深圳"城中村"城市设计旨在"形态结构"上的概念提炼，强调形态主题的形成过程：不同的设计小组基于对基地及周边在人文、环境、发展空间等方面的理解而转化为在"形态结构"上的尝试，体现了这块"范式化"的基地被多方式使用的潜在可能性。相对于形态本身，设计过程更注意抽取形态生成的内在结构性概念，试图以此激发重新认识"城中村"基地和设计主题的潜质，引发为重塑该街区成为"城市活力单元"的多种思考。

住区建设一直是城市设计介入较多的领域，美国佛罗里达的海滨城（Florida, Seaside,1979）甚至成为新城市主义（New Urbanism）的一个范例，成为"美国式家园"价值观的再现。相比之下，我国"城中村"的改造就复杂得多，更值得通过城市设计深入研究。

随着我国快速城市化的进程，在一些沿海经济发达城市，"城中村"（即原有的农民村落被城市街区包围所形成的特殊区块）逐步出现并日益增多，严重影响甚至恶化城市的有序成长。"城中村"问题的复杂之处，不仅在于

其历史成因和现状使之成为城市开发的"硬骨头",常规的开发方式已很难启动这类街区;同时,它的复杂性还来自于与周围城市环境的关系:如何认识聚居在此的原住民(村民)、廉租人群(其中相当部分是贫困人群)与城市市民之间的关系?如何重置这部分人群的生活空间及引导相关的城市产业?

本次"城中村"城市设计的关注点不仅在于"改造"的形态生成,更在于隐含其后的城市公共和私人空间发展权益的分配问题。结合深圳双年展"城市,开门"的主题,各设计小组从多角度、多模式地思考城市设计中的"形态结构"概念及其生成形态。发散性的思考,有助于积极地寻找多种关于城市发展结构的线索,在容纳多种价值观并行的基础上,摸索"城中村"街坊的不同发展模式的可能性及其形态变化:填充(即在"城中村"内增加少量关键的新建筑和空间元素);扩展(部分拆除原有建筑和空间,按照抽取的有价值的生成逻辑和场所特征,加以扩充和伸展建筑空间组群)和整体重构(保存最有价值的建筑和空间元素或隐含的特征和生成逻辑,通过赋予新的功能或空间意义,使之成为特定场所的关键要素或重构秩序而融入街坊内整体环境中)。

最终形成的成果是多样的:有从区域结构分析入手,构建贯穿多个"城中村"改造社区的绿荫步道,充实了深圳"车行城市"的人性空间;有从填海造田筑村的历史变迁出发,试图从形态生成上回味这段城市渐变;有摄取基地中的特征空间和形态类型,转换为新的生成逻辑重构现代社区;有研究"城中村"改造的多种容积率类型,找寻反映建筑特征的容积率组合及其社区形态生成;也有保留"城中村"有价值的建筑和外部空间,与新加入的城市功能(如公园/商业/办公/住宅等)整合形成特色鲜明的城市开放式街坊。

几乎没有一个设计看起来是很现实的,它们原本就不是为了真实的开发建设,但又确确实实提出了新的思考角度:原来"城中村"还会是这样的,这种思考的激发才是深圳城市/建筑双年展"城中村"城市设计的本意。

参考文献

[1] Jonathan Barnett. Redesigning Cities. Chicago, IL. Planners Press, 2003

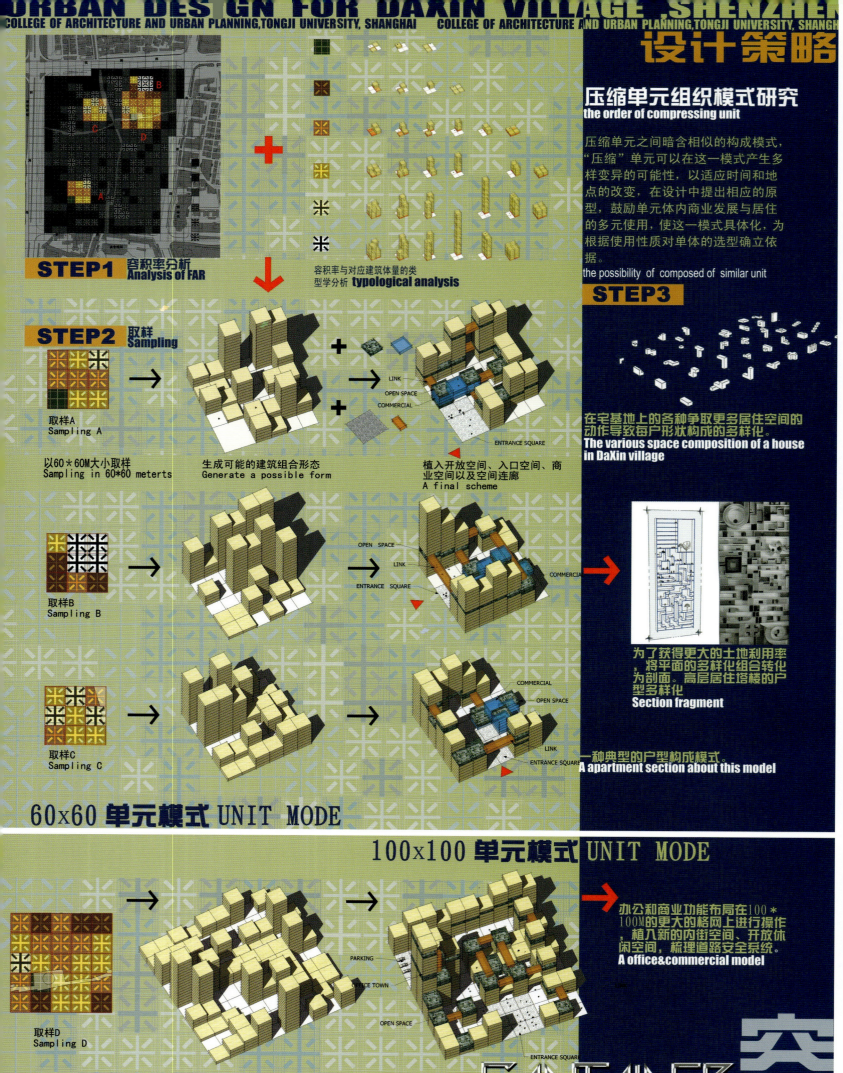

城市空间关系
Figure - field diagram

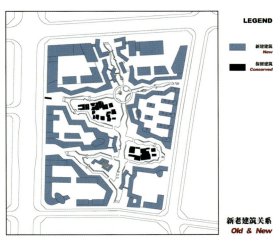
新老建筑关系
Old & New

LEGEND
新建筑 New
保留建筑 Conserved

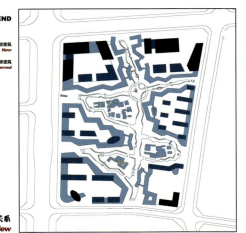
建筑高度控制
Height Control

LEGEND
24米以下 0–24 m
24–50米 24–50m
50–100米 50–100 m

阶段一 PHASE ONE — VILLAGE
阶段二 PHASE TWO — VILLAGE IN CITY
阶段三 PHASE THREE (NOW) — CITY IN CITY
阶段四 PHASE FOUR (IN THE FUTURE) — PARK IN CITY

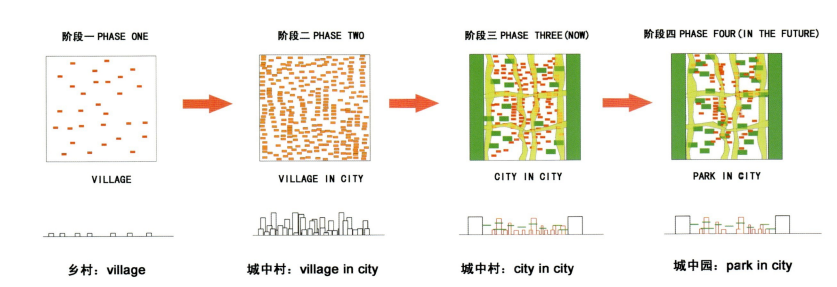

乡村：village
城中村：village in city
城中村：city in city
城中园：park in city

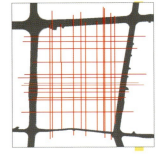

1. 深圳市大新村改造方案（第二组）中城市公共空间轴
2. 深圳市大新村改造方案（第二组）中形态的生成
3. 深圳市大新村改造方案（第二组）的鸟瞰图

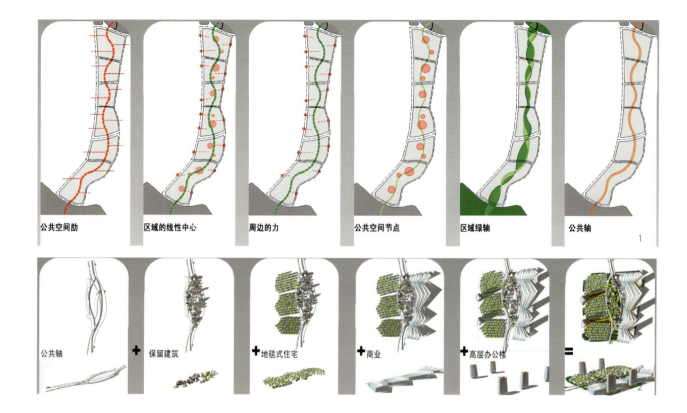

城市历史记忆的留存与发扬
——深圳大新村改造城市设计分析

同济大学建筑与城规学院城市设计研究中心　张　凡

在当今我国社会变革和经济迅速增长时期，现代社会持续的城市化和现代化的浪潮似乎使城市的历史文化遗产成为城市发展的包袱和障碍。在城市的旧区改造中，人们热衷于简单的"推倒重建"，以"脱胎换骨"的方式去改造历史内涵丰富、特色鲜明的老区；城市新区开发中，既不注重地方的景观特色和文化特色，也不考虑城市历史文化的发扬，简单的商业化的开发模式往往成为新区设计的主导思想。

虽然，城市历史文化保护已越来越成为人们的共识，今天我们的城市历史文化保护工作仍然面临着严峻的挑战。土地的有偿使用、房地产业的发展使得城市中的旧区改造存在着大量的经济利益，于是"革故鼎新"式的建设随处可见，兼顾现代化与城市历史文化保护举步维艰。具体反映在大规模的"建设性破坏"对城市历史文化保护的巨大威胁。这不仅反映出国家整体保护意识的薄弱，保护立法、保护制度建立的滞后，也反映出缺乏在城市发展前题下的保护理论的深入研究，缺乏行之有效的城市设计保护方法等问题。

为首届深圳城市/建筑双年展而组织的深圳城中村联合设计研究，选址于深圳市南山区的大新村，基地面积16.73hm²。随着未来深圳城市发展重心向西转移，地铁1号线将从本区北侧通过，由于相关站点的建设，大新村面临巨大的改造压力。本次联合城市设计包括同济大学、美国普林斯顿大学、美国麻省理工学院、香港中文大学、北京大学、深圳大学等6所国内外著名大学的建筑系共同研究大新村的改造课题，提出对城市建设发展、城市精神内涵的思考。在同济大学所提交的城市设计方案中，我们从城市文化多样性的保护、城市历史记忆的留存与发扬等角度，对深圳城中村的改造提出了极积的符合城市可持续发展的探索。

联合国教科文组织大会第三十一届会议通过的《教科文组织世界文化多样性宣言》中指出：文化在不同的时代和不同的地方具有各种不同的表现形式。这种多样性的具体表现是构成人类的各群体和各社会的特性所具有的独特性和多样化。文化多样性是交流、革新和创作的源泉，对

人类来讲就像生物多样性对维持生物平衡那样必不可少。从这个意义上讲，文化多样性是人类的共同遗产。这种文化多样性的保护，反映在城中村改造的城市设计的理念和策略上，要求把在快速城市化过程中，由城市自组织机制所形成的城中村看作是城市发展中文化多样性的一种表现形式，不因其物质形态和所负载的城市功能的某些异质性而一概简单清除。相反，城市设计要研究的是在城中村改造的过程中，在新城市肌理的形成和发展中，历史场所精神的保护和发扬。

一、城市历史记忆的留存与发扬

研究城市的格局和发展历史，发掘场地的资源为城市设计提供线索是历史街区改造城市设计的基本研究方发之一。在研究深圳城市历史沿革和大新村的区位中，我们发现大新村的西侧为前海填海片区，以前海路为西侧边界、南新路为东侧边界，深圳城市西部城中村肌理呈现从侧中山公园到南山的南北走向的带状连续分布。同济大学联合城市设计第2组方案¹力图以此为设计概念的切入点，在以大新村为激发点的城中村系列改造过程中，留存这种城市的历史记忆。再现旧日海岸线的记忆，连接众多线性排列的城中村，叠加老海岸线和乡村景观，并且联结新的城市生活（图1）。同时，第2组方案以大新村原公共活动的中心内街为依托，建立以城中村多层住宅的保护性改造为特征的新的内核，在其中储存了吸引城市公共活动的各种复合功能，并且，通过步行系统和高架轻轨交通系统向南北延展，连接其他城中村地块的公共核心，能量的聚合共同形成多重主题的城市公共活动中心带。这条城市公共空间走廊也成为联系中山公园到南山的区域绿轴和新老城区的过渡空间，历史的记忆在这里得到了彰显（图2~3）。

二、城市历史场所精神的保护与发扬

在旧城改造与新城建设中，场所精神的保护是城市设计的重要方法之一，对于城市历史文化保护而言，所要突显特色就是场所的历史感和这种历史感所代表的城市精神。城

4. 深圳市大新村改造方案（第五组）引入城市系统分析
5. 深圳市大新村改造方案（第五组）城中村系统分析

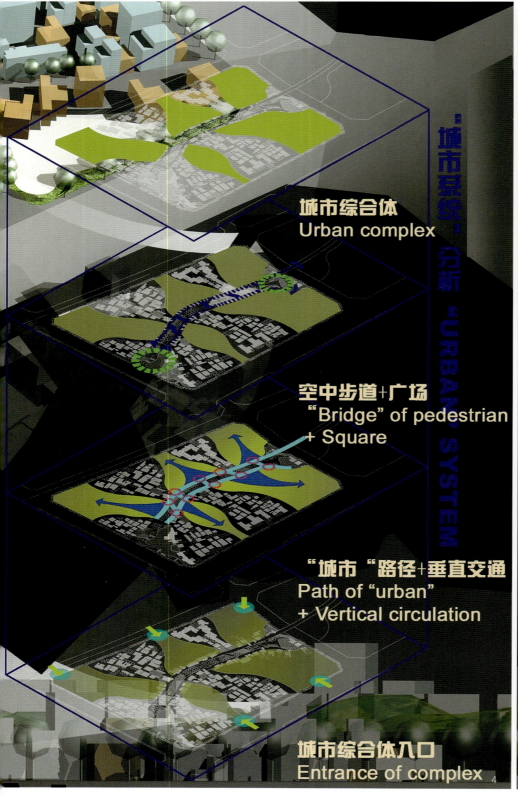

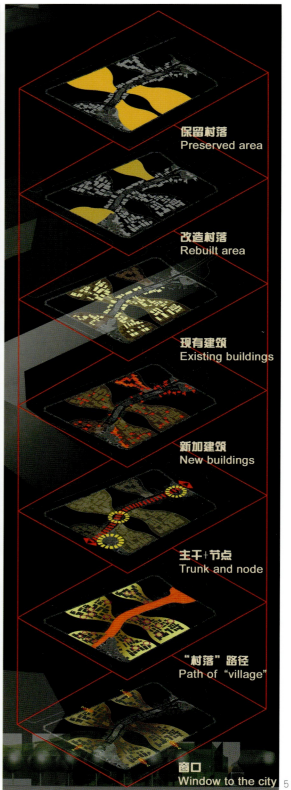

6. 深圳市大新村改造方案（第五组）总平面中新与旧的交织
7. 深圳市大新村改造方案（第五组）鸟瞰图

市设计强调的是，在历史的空间中加入现代的因素，通过历史和现代的对比或协调，达到发扬城市文化特色的目的，而不仅仅是历史地段环境的修复和整治。同济大学联合城市设计第5组方案[2]通过大量的分析调研，确立了"守"、"望"关联，城市历史文化保护与发扬结合的设计概念。"守"就是成组团地保留历史村落的肌理，留存历史生活的场景；"望"就是引入现代城市功能要素，创造新旧结合的新城市生活场景。第5组方案借助未来建设的地铁站点所产生的活力和商机作为强大动力，建立城市活力元素引入基地内部的主干空间，并且由此向周边进行辐射，形成新老城市肌理的相互交织（图4~6）。街区沿前海路、南新路边界则形成开放的形态，以保留改造原城中村住宅形成新的居住生活组团，容纳新功能的城市要素穿插其间，向人们展现出独具历史文化底蕴的多元化城市景观。并且希望通过持续的城中村的改造，将这种开发模式推广应用，形成从中山公园到南山新的城市意向（图7）。在这里，场所精神的保护和发扬意味：在保护好历史地段环境的真实性的同时，在旧城改造与新城建设中，我们可以运用现代的设计方法，创造出具有历史认同感和现代的城市空间环境，给历史地区注入活力并体现时代精神。

K.林奇从人对城市的认知和感受出发，认为城市设计是一种时间的艺术，并指出："我们保护旧事物，既不是为了它自身缘故，也不像堂吉诃德那样企图阻止变化，而是为了更好地传达某种历史感。这因而暗含了对变化的褒赞，以及对伴随历史的价值观冲突的褒扬。它意味着将历史进程与当前的变化及价值相联系，而不是企图使它们相脱离。"[3] 通过以大新村为例的深圳城中村改造城市设计研究，我们试图将城市历史文化的保护与发扬作为城市设计重要的价值取向。极积探索在城市迅速发展前题下的城市设计的历史文化保护对策和方法。

注释
1. 同济大学联合城市设计第2组方案. 学生：叶青.米佳.徐嘉铂.颜昌文. 指导教师：庄宇.戴松茁.张凡.李晴
2. 同济大学联合城市设计第5组方案. 学生：甄怡.吴晓楠.崔垠.吕克. 指导教师：庄宇.戴松茁.张凡.李晴
3. K·林奇著. 城市形态. 林庆怡等译. 北京：华夏出版社，2002：184

1. 珠江三角洲过去发展迅速，城乡二元系统不复存在。城中村的出现为涌到珠三角的外地民工提供了进入城市的最低门槛。

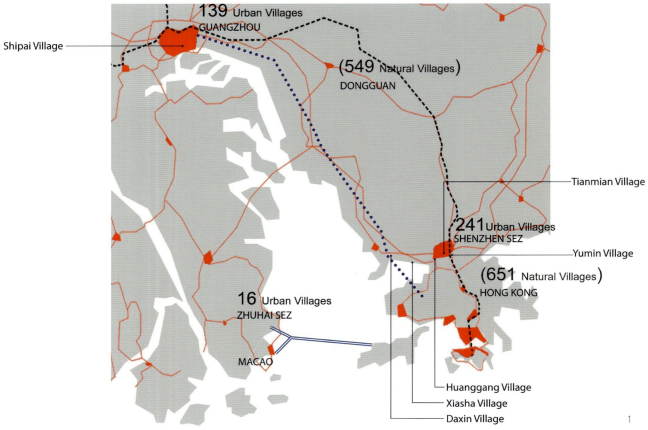

"城中村"的设计研究：深圳大新村案例

香港中文大学建筑学系　刘宇扬

本案在"剧异城市"[1]的理论基础上发展珠三角城中村空间改造的方法论。对此，我们提出了4个研究的范围：制式与突变——由城中村的范例研究来发展出有机及混合式的规划策略；室内性与巨大性——以"商场即村落"作为新的空间尺度概念，直接面对当代城市"商场化"的现象并同时挑战"商场"作为开发城中村的既有模式；事件与空间——以事件和日常生活空间作为城中村的软性基础建设和设计要素；灵活规划——利用"规划"与"非规划"之间的矛盾现象并以香港旺角的超密度与多样性做为城中村的发展策略。

我在1996～2001年期间参与了库哈斯教授带领的"哈佛城市项目"调研计划，对中国珠三角地区蓬勃发展而又近乎"失控"的城市景观和形态做了阶段性的研究，并尝试将一些观察延伸为新的城市现象和理论。研究小组[2]对当时珠三角城市群的复杂性和新旧城市相互之间既竞争又依赖的关系感到特别有兴趣。由此，库哈斯特别提出了"剧异城市"的概念，并做出以下阐述：

传统城市要求的是一种平衡，和谐与共同性。而"剧异城市"的基础则建立于各个部分之间的最大的差异性——不论是互补的或是相互竞争的。"剧异城市"靠的并不是按部就班的创造理想，而是在侥幸、意外、及缺陷中做投机式的开发或利用。不过，虽然"剧异城市"的模型看来似乎粗暴，而且必须依靠各部分的原始活力，但实际上它是精巧而细致的。任何一部分的细微改变都会造成整体的调整以重新达成各极端之间的均衡。

"剧异城市"为珠三角的超大城市之间的相互关系设定了一个可行的理论基础。而珠三角的另一独特现象"城中村"，恰恰是"剧异城市"概念的微观体现。珠三角城市的快速开发和中国特有的"二元化"土地政策造就了"城中村"的出现。而"城中村"本身则是一种完全在城市规划体制外的城市发展现象。"城中村"拥有城市与乡村的双重空间特征。它没有被城市化所淹没，也不仅仅是位于城里的村落，它是城与村接触后产生出的新"混合品种"。

改革开放以来，珠三角的"城中村"高效地满足了超

2.3.4.5.6.7.8.深圳市大新村实景照片
9.深圳市大新村土地庙与住房争位
10.学生对当地居民进行访谈
11.深圳市大新村露天撞球房

大城市所未能提供的服务：给大量的流动人口极廉价的住房与可接受的生活环境。这是一种高密度、高速度、自发、随机的城市发展。事实上，它为如深圳等新兴大型城市提供了无比的方便与竞争优势，这其中自然也包括许多在税收、治安、统计等方面不受政府监控的隐忧。

过去数年中，由于"城中村"所产生的经济效应间接带旺了周边土地和市区的发展。政府的关注和民间的地产投资意愿也带动了许多对"城中村"的改造计划。这些改造计划中有一类是住宅小区式的规划，多半以30层楼的商品房为主，是时下比较流行的做法。有另外一类的改造规划比较接近村落的空间形态与尺度，同时达到合理的密度，也兼顾到社区原有的活力。而我们见到的比较成功的改造例子，如深圳的皇岗村、田面村、下沙村等，或多或少都包括这两类的规划思路。

在对深圳大新村进行设计前的调研时，我和我的研究生们观察到了几点相当有趣的现象和可能性。在实际操作的过程中，我们也针对这些观察分别提出新的设计方法论：

第一，"城中村"自行开发的改造项目常常比政府或开发商主导的改造项目更能反应当地社区和居民的需要。研究城中村本身的范例演变也就比直接套用现有的规划标准更有价值；

我们把这个现象称为"制式与突变"，并以城中村的范例研究，发展出一套有机及混合式的规划策略。研究的步骤是先从数个广州和深圳"城中村"的空间逻辑中推算出几种标准的形态，再加以混和以达到更适合大新村的规划方向。

第二，大型商场常常会设在城中村的周边，充分利用"城中村"所带来的人气和相对便宜的地价与劳工。"城中村"的改造规划是否也可以利用大型商场的参与而得到新的经济杠杆效应？

这个现象探索了当代城市空间中两个相连的趋势："室内性（interiority）"与"巨大性（bigness）"。在此以"商场即村落"的概念作为新的空间尺度，直接面对当代

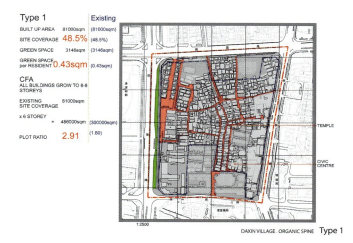

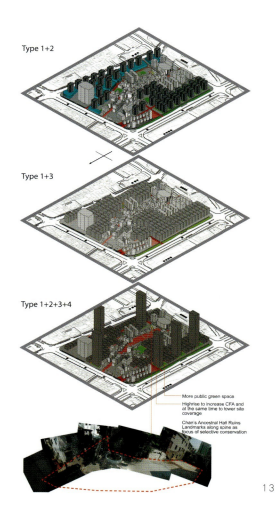

城市"商场化"的现象并同时挑战"商场"做为开发城中村的既有模式。这个策略尝试将一个商场的巨大室内空间组织嵌入大新村内，但不完全破坏或消灭原有的街道肌理。这一方面给"城中村"注入新的经济动力，另一方面也为商场与周边街道界定出更紧密的空间关系。

第三，"城中村"有许多自发、有机性的公共空间。如大新村的大街上，前一段是露天市集，后一段变成摆设露天撞球台的居民活动中心。在一般商品住宅小区看不到如此景象。自由和人性化的活动空间是"城中村"居民满意度高的重要原因之一，也是"城中村"改造工程中不可忽略的一环；

这里我们强调的是"事件（event）"与空间的关系，也就是把日常生活空间做为城中村的基础建设和设计要素之一；这是一种"软性"的基础建设。它所追求的是充满着各种事件的空间，与这种丰富的"不确定性"所带来的可能发展。

第四，"城中村"的状态直接反映了一个城市在经济和民生上的需求。它代表的是一种相对、而不是绝对的逻辑。它不符合现有的建筑法规，但并不差过中国甚至欧洲一些古镇的情况。它超高密度，但并没高过香港的旺角地区。"城中村"的不合法反而突显出它的合理，它的生气蓬勃也正好反映了现有机制所欠缺的灵活。

我们并不是提倡违反法规的城市开发，而是希望寻找

12. 一村一策，一村一范例。每一条村因应各自内在条件，各自寻求发展
13. 范例合成 不同的范例特色以不同的组合结合成新的城中村
14. （曼哈顿式）网格规划 拼贴效果图
15. （文化／建筑）折衷 拼贴效果图

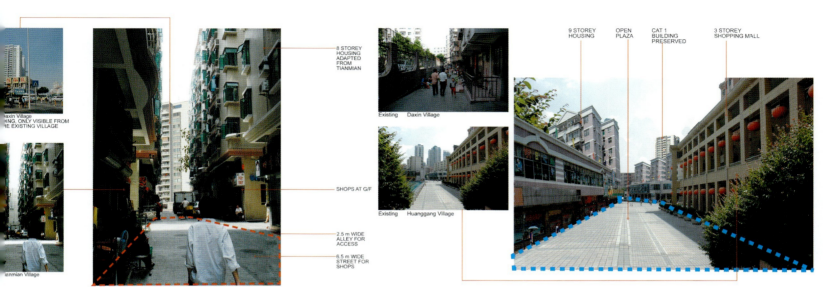

一个更灵活的规划模式。包括"城中村"在内的许多城市改造工程都存在着一种"规划"与"非规划"之间的矛盾现象。通过香港旺角的案例研究，尤其是它在超密度的现实中如何满足各方（政府、商家、市民等）的需求，如何在简单的街道组合里形成多元的都市空间，我们是否也可以找到未来城中村发展策略的启发？

在思考"城中村"的改造过程中，最复杂的部分不外乎是如何保持廉价房的供给和环境的改善，同时提供新一轮的发展策略。现行的开发形态往往忽视"城中村"原有的街道脉络及许多微观的规划与设计层面。本案尝试由设计主导研究，发展出一套合理、可续的"城中村"规划模型。

以下由我的研究生们，分别为他们的课题做解说：

制式与突变——城中村范例策略（林秋雷）

这个课题调查了6个不同的城中村，以寻求以类型的方式理解"城中村"现象。通过调研这些涌现的类型，为大新村的改造提供有效的基础。

范例1：有机肌理

这例以广州的石牌村为代表。在没有具体发展蓝图的情况下，任由村民把民居改建成7～8层的出租房，造成超高密度。

由于连接香港，深圳和广州的城际高速火车深圳站将坐落在靠近大新村的前海，大新村附近地区未来的房屋需求必定上升。未来的大新村仍然保留着基本的村庄肌理，惟有密度增加。

范例2：全面改造

以深圳的渔民村为例，面积小和村民充裕的资金两个重要因素造就了把整村平整为白板再发展成高楼小区。依照这范例，大新村的高密度和绿化不足的现有问题将得到大大改善，同时，这策略也符合改造的经济效益，难怪被大多数规划师采纳为城中村改造的当然模式。然而，全面改造带来的改变非常激烈，将使整个村固有肌理消失，完全融入城市。

范例3：网格规划

深圳的田面村在2002年被改造成一个由一栋栋大小一致的8层出租房形成的横竖一致的网格小区，曼哈顿般的生活情怀，每一寸土地都得到充分的利用。

范例4：多元多样

深圳的下沙村和皇岗村多年来从租务及和发展商局部开发商品楼得到丰厚收入，下沙村把利润用于美化祠堂，把中国的妈祖，泰国的佛像，希腊的女神等多元文化符号带到下沙村；而后者则热烈地追求壮丽的中轴线及新颖建筑。这范例无可厚非可以提升城中村的视觉效果和娱乐性，但同时也带来另一层的文化迷思。

合成范例1+2：有机肌理 + 全面改造

这合成一方面享受到全面改造的经济效益，同时也适

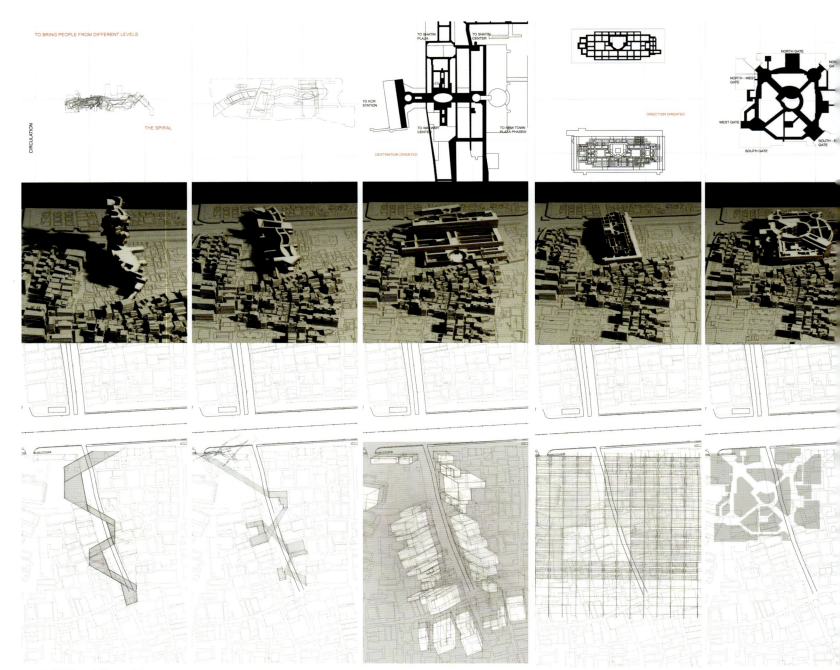

16. 内容性与巨大性——"商场即村落"

量地保存有机肌理中较有特色的街道空间，使村的特色得以延续。

合成范例1+3：有机肌理 + 网格规划

范例3中严密的网格遇上老村的有机肌理后产生许多有趣的新空间，充分表现出城乡交错的特色。

合成范例1+2+3+4：有机肌理+全面改造+网格规划 + 多元多样

发展自合成1+3，合成1+2+3+4大幅度减低建筑密度及建筑高度。在这合成中，建筑面积被叠合成多栋五十多层高楼，以减低其他建筑的高度和密度，同时也增加绿化地带。

范例4的中轴线为有机肌理带来一个全新演绎，新的中轴大街不但加重祠堂和购物街作为村民生活中心的角色，更加解决了城中村有机肌理缺乏防火通道的诟病。

通过以上系列的改造战略，一些城中村改造的指标可从中拟定。当中，容积率可定在2.5至3，基地覆盖率可由现有的50％下降到30％。另外，人均绿化面积也应该定在$2m^2$/人。这些指标在进一步研究中应反复推敲，以达至建立城中村改造范模。

室内性与巨大性——"商场即村落"（黄婉芬）

随着科技发展，庞大的室内空间变得可行。同时，空间的内容亦越来越丰富。多元性使空间本身就成为一个城市，一个室内城市。购物商场就是其中的代表。

从古时的市集到现今的购物广场，商场的形态经过许许多多的变迁，其内容也由单一的购买生活所需进化至多元的休闲娱乐。购物浸透生活中每一个活动，无论在机场、博物馆，甚或火车毗邻，都有林立的商店，有时甚至很难判断此乃车站抑或商场。

在这剧异的城市里，衍生出现代的大型室内空间（商场）以及形象较差的城中村。此两个极端的关系是值得研究的。本案利用对于"室内性空间（商场）"的研究作为介入城中村的设计策略。研究以五个珠江三角洲内的商场作为基础，包括位于旺角的朗豪坊、九龙塘的又一城、沙田新城市、罗湖商业城以及广州正佳广场：

• Jon Jerde 设计的朗豪坊拥有9层高的中庭，以及两条世界最长的室内电扶梯（达83m长）。自其开业以来，附近的商铺租金升高达50%，比区域平均租金高35%。

• Architectonica 设计的又一城以不规则的室内布局和错层的电扶梯为主要特点。

• 沙田新城市是由八个商场组成，连接了其中五个平台上的住宅及两条屋，使区内居民都可于20min内经过室内通道回家。

• 位于边境的深圳罗湖商业城，以网格的平面布局成功将近1400商铺齐集于仅7.5万m²的商场内。

• 广州正佳广场为全球五大商场之一、中国第三大商场，总建筑面积达42万m²，内由七个中庭连接组成，一个接一个偌大的空间予人无止境的巨大感。商场以体验式主题购物乐园为设计定位，除一般商店外更提供娱乐场所、休憩设施，以达到"体验"的消费模式。

本案藉商场给予大新村新生的动力。大新村的主要售卖商品为建材，从原材料如石材钢铁等到窗帘家具都有，而市场则为村民提供生活必需品。商场作为生活空间跟公共空间的中介，将重新改造大新村。

事件与空间城市的软性基础建设（易丽珊）

事件在城市中占有一个重要的位置，但在城市设计中却往往被人忽略。凯文.林奇（Kevin Lynch）在《What time is this place?》一书中指出临时事件在塑造我们的城市图像和经验方面的重要性。

城市的基础建设一般被称为组成城市的硬件，例如道路、桥梁、铁路等。

利用事件空间作为城市的软性基础建设是另外一个论点。当城市以一些现有空间为基础时，往后的发展便以此作为基础。在城中村这个现象尤其特别，当重新规划城中村时，不同的土地拥有者便能依照这软性基础建设为篮本，这可以融合个别的发展，形成城中村共有的性格。

本案首先参考巴黎之节庆及事件来研究古典城市空间：巴黎的节庆及事件和城市空间关系相关紧密。包括五类型的事件空间：广场、大道、河岸、公园、地铁。

另外参考建筑师Bernard Tschumi之事件及城市理论：建筑师Bernard Tschumi对事件（event）和功能（program）以及事件与城市设计理解为：

功能（program）+空间配置（spatial configuration）=不能预测的事件（unexpected events）

Bernard Tschumi在巴黎拉维特公园(Parc de la Villette)是依照以上对事件的理解来确定设计策略的。根据三种事件及活动的性质（点状活动、线状活动及面状活动），公园的设计分为三个层面。第一个层面是一个网格系统，当中包含了一些无功能的建筑物（folly），用来提供公园的定位。第二个层面是一条状网络，提供线性活动。第三个层面是面状的造景建筑（landscape），提供一些不同规模的活动及事件空间。

本案提供三个实验，以事件空间作为大新村的软性基础建设。

城市实验一：古典城市空间

实验旨在利用基地北面及南面的线路来重新建设大新村的街道及广场。村内的大广场提供一个公共活动平台，村内街道网络和基地背景的关系亦重新整理。同时，现存的开放空间联系着主要街道，使这些村民更能便捷利用这些小块地区。

城市实验二：网格系统

此实验在村内现有的事件空间上加上一层网格系统，以增加另一层的活动及开放空间。这个70m×70m的网格系统由线及点组成：线的层面提供活动，点的层面提供开放空间。街道及开放空间的空间配置令事件能更有机会平均分布在大新村内。

在第一个加上一层网格系统的概念后，另一个加上两层网格系统（一个跟随基地北面的线络而另一个跟随基地南面的线络）的城市实验随之而行。除了令街道及开放空间平均分布之外，这两个不同方向性的网格系统的交汇点产生其他大规模的公共空间，以给予村民作为主要的事件空间。

城市实验三：连接组织

桌球、麻将、市集、下棋、玩耍、看电视、聊天等都是大新村中事件的特色，但这些事件都是独立地存在，相反村里的开放空间和这些事件的关系分离。村里的开放空间是从拆毁旧有房屋所得的空地而成。这连接组织将大新村

17. 街道研究——旺角西洋菜南街：高密度城市肌理中功能及街道的复杂性
18. 街道研究——深圳大新村永福正街：高密度城市肌理中功能及街道的复杂性

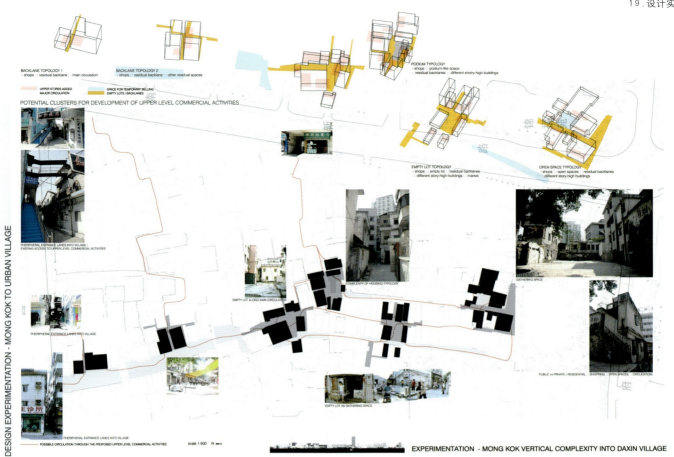

连成一个网格,可以作为村民的活动场所。

此实验旨在利用事件空间作为连接事件及开放空间的组织,有别于一些分离的开放空间,这层面是联系着整条大新村。这新增的层面可视作建筑物及通道或街道之间的可居住的缓冲区,从而增加村内活动空间的等级。

灵活规划——旺角现象（王嘉欣）

本案利用香港旺角作为对高密度城市发展之启发,以介入城中村现象的设计策略。本案透过窥探城市肌理的矛盾现象,以研究规划上怎样容纳"已规划"及"无规划"的各种功能;并以购物(被视为最无形的一种功能)作为切入点以研究它与其他城市元素的关系,为"灵活性规划"假设一城市结构模型。

随着时间的变迁,旺角有著令人惊喜的自动改造。上楼咖啡店、书店、饰物商店等等是现今旺角的写照。然而刻板单一的城市规划似乎未能缔造出这种充满人性化的生活模式。因此,透过研究旺角,希望可以启发出对同样是密集和人性化的地方——城中村——的规划方案的新一种看法。

本案以街道作为研究对象。西洋菜街是电子用品及楼上书店的集中地;女人街是合法小贩管理区,售卖各种廉价时尚衣物、杂物和手饰;区内亦有不少旧式住宅楼房。旺角区居住人口约有83 000人,人口密度约558 200/km²,而其中西洋菜南街的人口密度高于410 400/km²。西洋菜南街更是区内行人流量之冠,于繁忙时段高达每小时16 000至25 000人次。西洋菜南街全长约430m,拥有约90间大大小小的商铺食肆,当中约有37间是楼上店铺。店铺种类方面,包括27间潮流服饰店、18间电子电器用品店、12间楼上书店、16所食肆以及其他类型的店铺如发型屋及眼镜店等。在研究过程上,首先,对西洋菜南街的公共空间界线作一研究,其变化的外形值得做进一步探讨;当中有着不同的功能——店铺、主要通道、被弃置或忽略的空地、容纳临时活动如买卖及街头表演的可用地、多层商场及一些空置的商店等。另外,本案亦对街道的立面作一详细探讨;透过对各种功能、上楼通道及后巷位置的分析,详细解构城市功能竖向发展的复杂性。从以上的研究,可见店铺的位置与人居的融合是容纳灵活规划的一个关键。

本案以同样的手法对深圳大新村作一研究,尝试比较不同城市肌理的高密度现象,为"灵活性规划"作多角度的探讨。永福正街是大新村内的主要街道,全长约400m,商业活动多集中于地面层,但地面层亦只以住宅及一些空置的

20.巴黎拉维特公园（Parc de la Villette）的设计策略为点-线-面的重叠
21.巴黎塞纳河右畔举行"巴黎海滩（Paris Plage）

20
21

铺位为多，只有约33间店铺，以及于街头及街尾的菜栏及流动小贩等。店铺种类方面，多为日常必需品类型的商店及摊档，包括16间食店，3所诊所药房，3间流动电话间，2间理发店以及其他类型的店铺如单车店、电子器材维修店等。在研究过程上，首先，透过永福正街的公共空间界线以及立面的研究分析，发现它与西洋菜街不同的地方有以下几方面：一.大新村的商铺活动集中于地面层，在村内较西洋菜街少竖向发展，但村周边亦可见已有一些楼上店铺的发展；二.永福正街的外形迂回曲折，给人不休止的空间感，不同于旺角街道的方格式规划；三.村内很多后巷是居民共用的空间，是人穿梭不同大街小巷的主要通道；四.走在永福正街上，你会不时发现一些空地和旧楼房遗留下来的痕迹，这些空地亦可以是居民聚集的空间；

另外，永福正街较旺角多了一活动层——如街头与街尾的市集活动、康乐活动的聚集地如空地上的桌球桌等，较旺角的西洋菜街和女人街的贩卖活动还要"随意"，却充分显出密集环境下空间的可塑性；还有，永福正街上公共空间和私人空间的界线变化不断，甚或往往变得模糊或公私融合为一。

透过对旺角和大新村现象的分析，本案尝试以旺角商业活动的竖向发展现象作为大新村的规划的依据，希望以"城市渗入"的手法为大新村的灵活生活模式上再加入城市灵活发展的元素，以改造村内的环境和引进另一形式的城市生活模式，本案以这些空地发展为村内的商业休憩用地；并从村周边的楼上店铺开始发展，迂回曲折的街道作为从城市渗入村内的特色商业街，从而利用村内已有的多元化的空间感做灵活规划改造。

	香港旺角西洋菜南街	深圳大新村永福正街
街道总长	430m左右	400m左右
店铺数量种类	约90间大小商铺	约30间大小商铺
	主要种类：27间服饰店	主要种类：16间食店
	18间电器店	3所诊所、药房
	12间楼上书店	3间流动电话间
	16所食肆	2间理发店
	其他（发屋、眼睛店等）	其他（单车店、电子器材维修店等）
店铺发展模式	竖向发展	基本为地面层发展
街道形式	方格网形	自由形态

参考文献

[1] Catherine David，Documenta X，"Pearl River Delta"，德国Cantz Verlag出版社，1997

[2] Rem Koolhaas等，Mutations，"Pearl River Delta, Harvard Project on the City"，德国Actar 出版社，2001

[3] 蒋原位，史建. 溢出的城市(Brimming City)，广西师范大学出版社，2004

注释

1.Rem Koolhaas等，Great Leap Forward，德国Taschen 出版社，2001

2.参与课程研究生：林秋雷 黄婉芬 易丽珊 王嘉欣
城中村访谈与记录片：林秋雷 易丽珊 朱柏年

22. 连接组织示意图
23. 网络式的连接组织

residential / shops | connective tissue | circulation | connective tissue | shops

- connective tissue
- events
- open space

connective tissue

大新村区位图

走进深圳大新村
——深圳大新村改造

深圳大学建筑与土木工程学院 魏 婷

项目介绍：

这个项目是一个联合课题，参加的学校包括：深圳大学、北京大学、同济大学、香港中文大学、麻省理工学院、普林斯顿大学等六所学校。基地是选择在深圳南头的一块城中村片区，所以我们深圳大学的同学是作为"导游"将基地介绍给各位前来调研的同学。

城中村问题的存在已经在很大程度上影响了深圳的发展，2005深圳城市建筑双年展的组委会希望能让我们学生深入思考城中村问题，并能提出一些能跟现有"推倒重建"的城中村改造相异的构思等。这也让我们这些学生能有机会发表我们对城中村问题的见解。尤其对于就住在深圳的我们来说，城中村带来的问题就真的触手可及，遍地皆是。

基地介绍：

大新南片区位于前海路以东，南新路以西，桃源路以南，学府路以北。在历史上，这里曾经一半都是海滩。住在岸上的居民，基本上都是养蚝为生。直到改革开放后，这里才陆续地被村民自发地填海，成为他们的居住地。

大新南片区由于其特殊地理位置而有异于深圳其他地区的城中村：

第一，大新南片区并非一个村，这个与深圳其他地区"皇岗村"、"渔民村"等因为"血缘"关系形成的村不同，这个片区的城中村形成基本上是依靠"地缘"。解放前众多逃避战争的归国华侨回到深圳后定居于此，解放后，此地年轻村民又大量地偷渡去香港，遗留较多的老人在此地。他们有的发展得好，就回来投资盖房子；发展不好的也没有声讯，老人家就独居于此地。因为桃源路的建设，将大新村划分成为南北两村，大新南村就在这个片区的北部；加上位于南部的界边村、东部的田下村等围合成现在的大新南片区。

第二，大新村位于南头区，而非高速发展起来的罗湖、福田区；也不是在特区二线关外的宝安、龙岗两区。这样，比较已经完全改造的"渔民村"，或者已经完全发

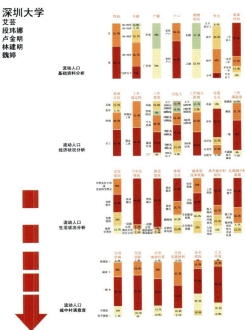

深圳大学
艾芸
段玮娜
卢金明
林建明
魏婷

展成熟的"田面村"，大新南片区依旧保留有大量具有历史痕迹的建筑，容积率也偏低，村落街道界面保留完整。对比特区外的城中村，大新南片区的城市化相对就更明显，本地居民外迁较多，容积率较高，商业比较兴旺。由此可以推出一个结论，沿原有市中心的罗湖向现在市中心的福田再向南头到宝安、龙岗这一线索，城中村受城市的需求、影响减弱，改造的自主性是增强的。相对的，按着这个线索反向，城中村受城市的影响越发剧烈，改造越彻底，几乎是颠覆性的；而位于这个改造中间的大新南片区，在改造需求上是既有城市的压力又能带有自主发展，弹性极好。

构思分析：

第一组：魏婷（组长）艾芸　段玮娜　林建明　卢金明　王运四

站在城市、原住民、外来人口三种方向思考城中村问题的矛盾，分析他们在经济、社会、环境、文化上的需求差异。而矛盾最集中的就是"是否推倒重建"——经济与文化之间的竞争。

城市的继续发展，该片区的土地价值必然上扬，会导致此地的出租屋供求关系的紧张。大部分现有的城中村都是通过增加土地容积率，在单位面积上容纳更多的外来人口来增加总收入，借此维持上升的土地价值。这样单纯地追逐利益，使得居住环境进一步恶化。

在此，为了协调这三方面的矛盾，我们提出通过改变土地用途，居住即用途改为商业用途，通过使用用途的改变来平衡土地上升了的价值。并提出近期、远期两步改造目标，在近期内，商业的发展以饮食小商品为目标，例如将东部具有历史价值的低层砖房改建成为商店、餐馆；建设、改造一定量的廉价住宅，以一室为主。远期目标则是利用休闲娱乐带动商业发展，当廉价出租的供求关系回落后，廉价住宅则改造成为短期住宿，例如青年旅馆、公寓式酒店等。

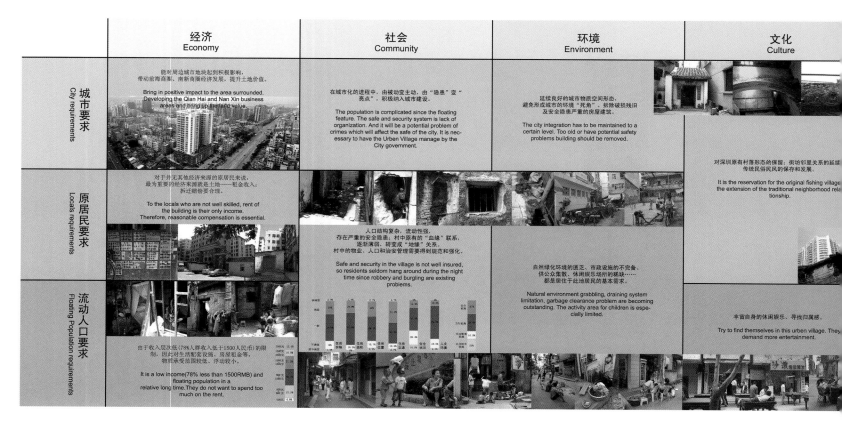

总平面图 Master plan

设计构思：

在设计中，我们尽可能多地保留原有建筑和道路系统，并在此基础上对道路进行疏通，同时开辟出和现状相适应地开敞空间及绿地。改建和增加一部分公共建筑，利用一些原有建筑，经特殊处理形成标识性建筑或构筑物，提高区域的可识别性。

"标识性建筑—街道系统—开敞空间和绿地"三者形成"点—线—面"的结构，旨在通过最简单直接的方法，为城中村内的低收入人群提供一个较好的居住环境。

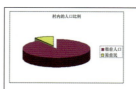

原住民和租住户人口比例

大新村的这一比例大约为1：10，而在深圳其他地方的城中村中，这一比例在1：10和1：20之间。原住民的人数很少。

人口教育程度

城中村中的人群的文化教育程度普遍偏低，这一点直接导致了这个人群所从事的只能是劳动密集型产业。

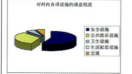

租住人群对现有居住环境各个方面的满意情况

城中村中存在的问题是纷繁复杂的，而其中的社区安全问题和公共活动空间的需求是其中最大的问题所在。

1、第一代的砖瓦房，一般以一层为主，有少量二、三层的。这类建筑大多建成于解放前后，保留了许多传统的建筑元素和地方特色。

2、第二代的砖混结构楼房，一般为3～6层。建筑外观稍旧，但质量较好，房前后多以围墙围成庭院，植有绿化，保持农家庭院特色。

3、第三代的改建钢筋混凝土结构房，一半为6层以上，少数内设电梯。

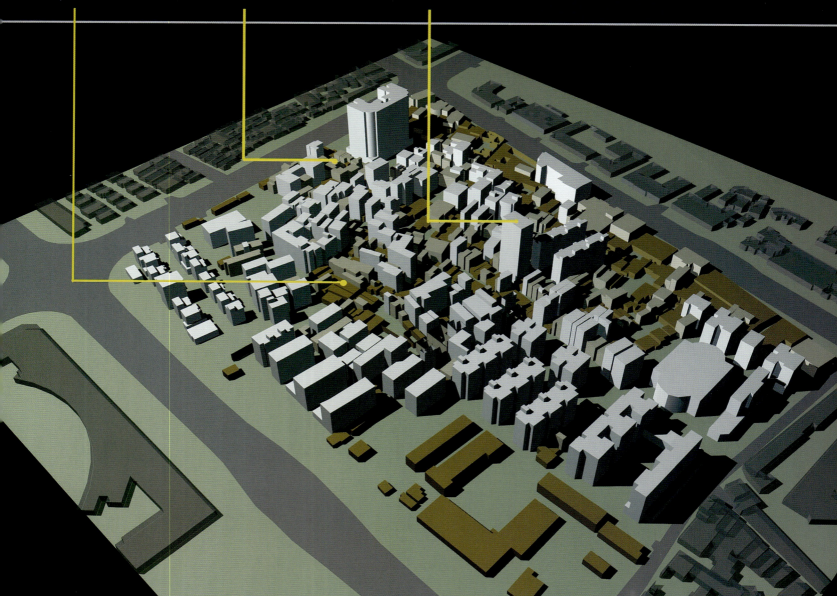

在未来的发展过程中，随着城中村内的第一代老建筑的老化和废弃。在对其进行不断的改造的过程中，有计划地将几个公共开放空间连通，并将其规整。同时在开放空间的附近加建或改建一些针对村内的人群的生活服务设施。在这其中涉及到的拆房户，则根据原有的建筑面积在相应的有待改建的补偿区域内得到补偿，由此实现城中村的不断更新。

村内公共空间的预期发展

治安体系的建立

根据村里现有的土地用地地籍状况，主要街道等情况将其划分为若干个治安区，并依照其具体情况实行不同的管理模式，解决城口村的治安问题。
独立治安区：多为有一定规划发展的建筑群，地籍归属二不同的发展商，每个区的人口控制在1000人以下，实行硬性治安管理，如架设监控系统等。
公共治安区：多为村民的自建房，每个区人口控制在1000~1500，由租住户自发组织治安管理，形成由内向外的管理模式。
产业治安区：有一定规模的产业结构和相对稳定的人口结构，由相关产业业主提供治安管理

第二组：江盈盈（组长）郭佩艳 梁茵 万千 叶娜

城中村，解决了深圳所需求的低廉劳动力的住宿问题，对于整个城市来说，这部分劳动力的存在是不可缺少的。盲目的将城中村推倒重建，获益的只有发展商以及土地原有者；而对于来到深圳辛辛苦苦工作的低收入人群来说，他们无力再支付高昂租金的时候，只好再次搬走。与其让这部分人搬来搬去，还不如将该片区改造成为专门为低收入人群服务的社区，让他们继续为城市发展努力。

在设计中，我们尽可能多的保留原有建筑和道路系统，并在此基础上对道路进行疏通，同时开辟出和现状相适应的开畅空间以及绿地；改建和增加一部分公共建筑，利用一些原有建筑，经过特殊处理形成标志性建筑或构筑物，提高区域的可识别性。"标志性建筑—街道系统—开畅空间和绿地"三者形成"点—线—面"的结构，旨在通过最简单直接的方法，为城中村内低收入人群提高一个较好的居住环境。

第三组：刘卫斌（组长）陈赛利 付晶 侯毓 晏岚 张迪

城市的发展是随着"机遇"而不是"时间"展开的。在这里我们讨论了关于这块基地发展的几次机遇：地铁的通过、商业的兴旺、道路的拓宽等给该片区带来的一系列可能发生事件的预测，并对这些事件的发生做好相对应规划，使得城中村的改造自然地发生。

"城中村问题用'堵法'（禁止建设）不能解决，强大的利益驱动将冲垮一切政策堤坝，已经发生的几次'博弈'更是反复缠绵着这一道理。基于此，我们想用'导'如同'大禹治水'即需要政府联手市场力量为低收入者提高'廉价租屋'，减少他们对城中村住房的旺盛需求，围燕救赵，从源头上解决问题。

后记：

参加这个项目对我们建筑专业的几位学生来说是一个挑战，通过多次的基地调研、问卷调查、走访办事处、股份公司，慢慢地导出我们的结论。因为这个项目也是多个学校共同参与的，作为深圳主人的我们，跟众多学校的学生交流，看到不同立场，不同国籍，不同思维的碰撞，产生耀眼的火花。毕竟短短两个多月，能探究的能表达的只能是冰山一角，看着2005深圳建筑双年展展览的举行，心底里还是有无限的遗憾。带着这些遗憾，我们将会在以后的人生中慢慢地思考城中村的问题，这样，参与这个项目的目的也就达到了。再次感谢参加这个项目的老师、同学们。

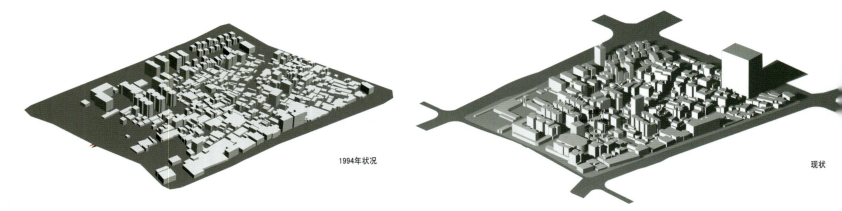

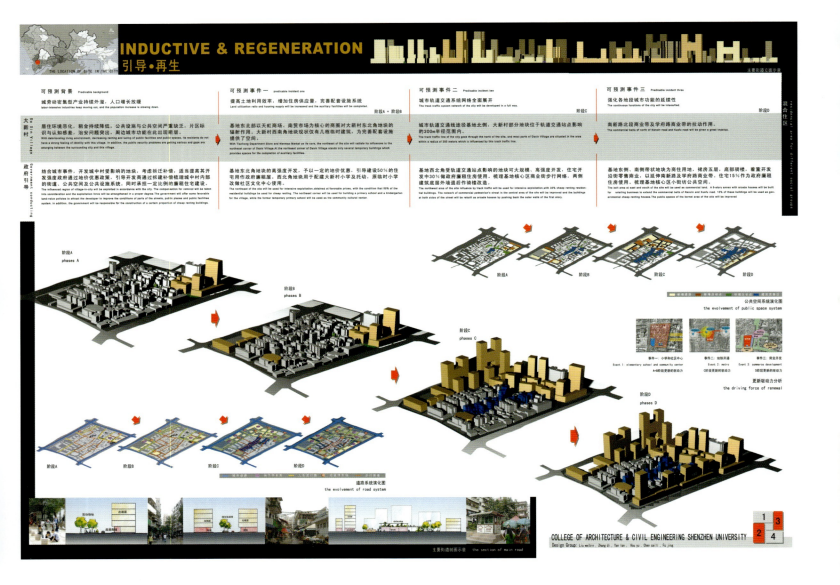

INDUCTIVE & REGENERATION
引导·再生

THE LOCATION OF SITE IN THE CITY

展望一 expectation one

城市发展进入平稳期，随着劳动密集型产业的外移，大量人口随之向快速城市化的中小城镇转移，深圳人口呈下降趋势，人均可支配收入得到较大的提高。

The city development steps into a stable period, with the outmigration of the labor-intensed production, a large amount of people move to the middle sized town which is experiencing a high speed urbanization, the number of Shenzhen's population tends to descend, the average governable income gets a great promotion.

政府廉租住房政策较好地解决了低收入人群居住生活，城中村原有居住环境较差的住房逐渐失去市场。片区内的空房率逐渐升高，空间形态和结构发生重新分布。

The government's low rent houses policy solves the problems of the people's living with low income. The old buildings in the urban village which has bad living environment lose their market gradually. The rate of the vacant rooms in that area goes up, the space form and the structure occur to be redistributed.

鉴于流动人口的减少以及出现的空房率，鼓励原来的租户购进房屋的产权，增强人们对所居住的片区的认同感。复兴社区组织形式，同时探索适合城市产业发展、人口构成的住区的新形式。

Whereas the abatement of the floating population and the appearance of the rate of the vacant rooms, the government should encourage the primary lessees to buy the property right of the house which can increase people's identification to the area they live. Besides, it is better to develop the organized form of the community while explore a new form for the development of the urban production and the living area constituted by the people.

展望二 expectation two

城市产业进一步"精致化"和"智能化"，人们对居住、游憩有了更高的要求，开始回归自然、和谐。

The urban production gets more "delicacy" and "intelligentized", people have more desire for the living and relaxing quality and they begin to return to the nature and harmony.

社会提供的廉租房体系已经使原有的"廉价"已经失去了"比较优势"，城中村内部私房业主开始思"变"，只有改造为房屋质量、环境良好的住区才会保证他持续获利。

The system of the low rent houses supplied by the society makes the intrinsic "low price" lose its "comparative advantage", the owners of the houses in urban village begin thinking a kind of change—only if changing to a living area with good quality of the buildings and environment so that they can go on gaining the profit.

建议设置容积率补偿策略，引导街区内部的地下开发，构建立体绿化、交通体系，保证街区整体环境品质。

We suggest that there should be the policy of cubage rate compensation, lead the underground exploitation in the block, construct the solid virescence and the transportation system in order to make sure the holistic environment quality of the blocks.

主要剖面示意一 — main section 1

主要剖面示意二 — main section 2

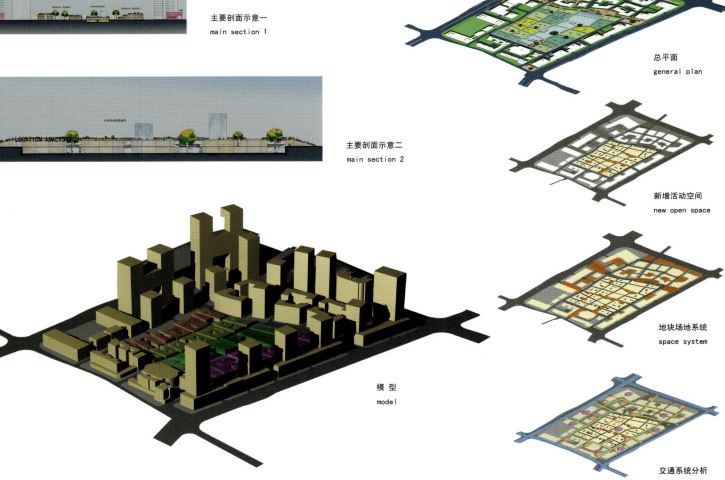

总平面 — general plan
新增活动空间 — new open space
地块场地系统 — space system
交通系统分析 — transit system
模型 — model

节点方案 — node design

COLLEGE OF ARCHITECTURE & CIVIL ENGINEERING SHENZHEN UNIVERSITY
Design Group: Liu weibin, Zhang di, Yan lan, Hou yu, Chen saili, Fu jing

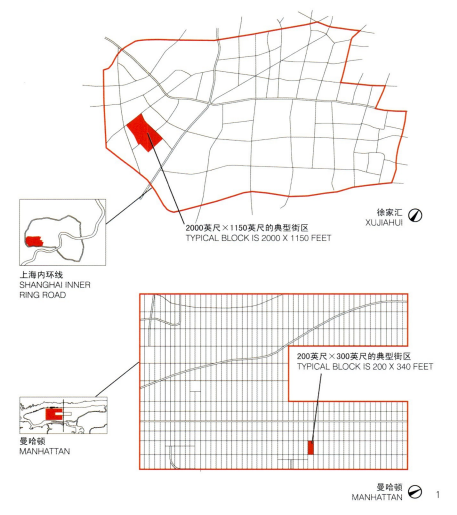

城市交通系统设计
——以上海徐家汇地区交通系统设计为例

美国A+G建筑设计公司

徐汇区，上海最繁华的城市地区之一，在过去几年中随着私人小汽车的迅猛增长，城市交通显现困境。极其有限的公共交通系统，本区的过境交通，复杂的道路岔口、没有足够的地区级道路，自行车管理和停车的缺乏是造成主要交通难题的其他因素。

然而，交通问题只是城市成长和成功的一个副作用。只要城市在成长，交通问题将不会存在。如果把上海同巴黎和纽约作比较，我们可以发现尽管在这两个主要的国际化大都市有着非常延展的和高效的运输系统，交通仍然是一个恒定的问题，需要不断地再估价和管理。

更进一步而言，交通问题不可能在徐家汇区这个次级尺度得以解决，而必须在上海市城市一级来共同加以规划。无论是积极经验还是消极的教训，从过去40年里法国和美国的关于交通运输及其与发展的关系中可以学到很多东西。在巴黎，在国家的集权管理下，地铁系统得以扩展，建造了一条高速地铁，建立了铁路系统与高速火车的连接和通往机场的连接。同时，一个新的轻轨系统正在建造中。尽管大规模运输在不断地扩展中，巴黎的交通仍然是一个永恒的难题。原因在于对私人小汽车几乎没有限制、出租车系统有所缺乏，并且小汽车停车空间的匮乏。在美国，则存在一个恶性循环，即城市边缘的高速公路建设促进了城市扩张，反过来城市扩张又创造出只能适应于高速公路的土地使用方式。从纽约的例子来看，城市成长和扩张主要发生在与长岛和新泽西毗邻的区域。人们居住在这些区域需要2个小时通勤时间才能赶到曼哈顿上班。因为在纽约市区以内，没有可以替代小汽车的大规模交通体系。在曼哈顿，这个每天有成千上万个上下班通勤者到达和离开的地方，私营部门对交通难题实施了两种解决途径：1）高速巴士将市郊的通勤者运入，2）极其昂贵的停车费。另一方面，州政府在进入曼哈顿的桥梁和隧道处强征非常昂贵的通行费。结果，能在曼哈顿行驶的小汽车不是出租车就是昂贵的服务性汽车和大型高级轿车。最终，网格平面、左右拐禁行措施和一个计算机控制的红绿灯系统，共同帮助维持一个极其低速的基本流动性。作为居住

1. 徐家汇与曼哈顿典型街区尺度对比
2. 徐家汇区规划总图
3. 徐家汇重要建筑节点图

和工作在曼哈顿的代价，人们对此只能接受。

上海也许需要同时吸收法国和美国的经验。一方面，迫切需要在扩展公共交通系统的同时调整道路系统，为了调控交通车流，在全城范围内安装计算机控制的红绿灯系统，对私人汽车和自行车的使用设置一些制约条件，建造小汽车和自行车的停车空间。

在徐家汇，最主要的交通拥塞地区是徐家汇广场——这里是肇嘉浜路、漕溪路、衡山路、华山路和虹桥路五路交汇处。此广场既被认为是一个重要的交通汇聚点，也被认为是商业和零售活动的"心脏"。有人担心，认为通过减少相当数量的徐家汇通过车辆来解决交通拥塞有可能就此削弱广场的商业行为。其实，充满活力的商务和零售区域不一定非要单纯地依靠汽车交通。然而，绝对必要的倒是步行空间，这些步行空间可以让步行而来或是搭乘大规模公交到达的人流能够高效地流动。这方面，一个成功做到丰富和充满商业活力却没有交通拥塞的例子是巴黎的Les Halles，由于它的大量公共步行空间的存在以及和其他城市节点的直接步行联系，使它在大范围内成为了城市的"心脏"。这就是我们计划中坚持提出未来发展必须以步行空间与大规模运输相结合的理由。

新的地铁线的建设将在地区的成长中扮演一个极端重要的角色。地铁站点是城市成长的最重要的催化剂之一。我们的计划将现状和未来的地铁站点作为决定我们的城市的关键点，同时产生文化的，商务的和娱乐的场所网络。举例而言，计划中的九个博物馆就是按照这样战略性的择址定位从而可以加强其周边地区的发展。

既然运输应该与土地使用相关联，而且我们建议未来的计划应当基于一个构想——在各分区的大地块将被重新调整，其用途也将有所改变，相应的一个交通运输规划发展的决策将根据短期和长期土地使用的变动作出调整。

在构想被采纳后，这个交通运输计划发展应该包括几个我们计划所赖以存在的战略性假设。我们的总体战略将包含有大规模运输、小汽车、自行车和步行者环线的运动系统作为研究出发点。具体有以下方面：1）道路；2）大规模

4. 总体规划逐层分析图

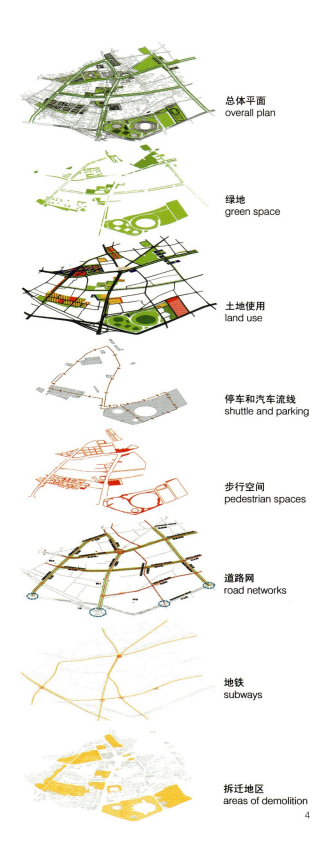

总体平面 overall plan

绿地 green space

土地使用 land use

停车和汽车流线 shuttle and parking

步行空间 pedestrian spaces

道路网 road networks

地铁 subways

拆迁地区 areas of demolition

运输；3）停车和穿梭巴士服务；4）自行车；5）步行环线；6）资金筹措；7）教育宣传。

1）道路

现状道路需要重新条理化并转变为一个清晰和流动的动线系统。我们的计划提议：

a）在最为共通的一层，用一个城市干道的网格组织来替代城市干道的放射汇交组织方式，这个城市干道系统将连接徐家汇及其相邻地区。经过重新构想，马蹄形的环路将会成为我们计划中城市干道格网体系的一部分。漕溪路和肇嘉浜路将成为这个网格体系的绿色干道部分，连接其它城市干道和高速路。

b）一个经过景观设计的绿色林荫道网络将成为交通运动和到达的城市集合器。这个网络不仅组织几个规划分区而且组织整个徐家汇地区。

c）建立一个新的次级道路网，为二个新规划的小一些的地块——徐家汇广场西边的新商务中心和宜山路室内设计装饰中心——提供方便的可达性。开放的绿色步行空间穿插在这些地块中，沿着斜的次级道路设置，方便人们到达办公，零售商业和住宅。

d）在徐家汇广场交叉口，我们也提议建造一条新的连接华山路和漕溪路的地下通道，从而使得徐家汇广场的地面道路形成"T"型路口。这将为创造一个新的公共广场提供空间，而这一个新的公共广场将成为整个徐家汇的中心公共空间。

e）我们提议三个新的区域：新商务中心、新宜山路室内设计装饰中心以及新的上海体育城也需要新的连接以通向高架快速路和新规划的停车场库。

2）大规模运输

新地铁线的出入口应根据已采纳的计划加以规划。新的地铁车站和线路之间的换乘空间应该和新的公共空间、博物馆、购物区相联结。多层平面只要有可能应尽量考虑引入自然光线的可能性。公共汽车线路应该作为地铁线路的补充，其沿站与地铁站点重叠可方便换乘。在同一路程中地铁和公交车的换乘应采用一票制。

3）停车和穿梭巴士服务

目前，区内没有总体的停车场（库）计划。我们提议每个新开发项目均建设新的大尺度停车库，以取消现有的零星随意停车。徐家汇西边的新商务中心，新宜山室内设计区和上海体育城可以建设数以千计的的地下停车场（库）。我们同样提议一个穿梭巴士服务连接停车场（库）。这个穿梭巴士体系也在徐家汇广场、沿漕溪路、

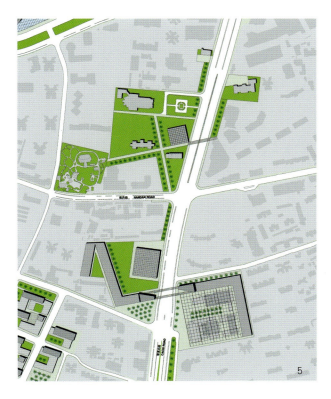
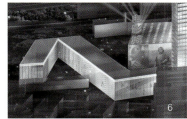
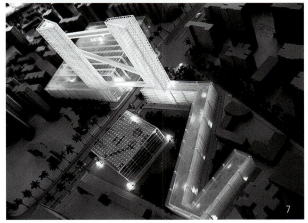

5.电影城（新商务中心）规划总图
6.7.电影城（新商务中心）模型图

宜山路和上海体育城的主要地铁出站口设站停靠。

4）自行车

在区内仍然有大量的自行车引发的内部交通：这些自行车交通属于居住和活动于区内的人们。我们建议将它们的使用限制在一些有限数量的街道的自行车专用道中，禁止在主要道路上使用。我们同时建议自行车停放区域设于地块内部而不是沿人行道停放。

5）步行流线

道路系统的重新组织，特别是我们的计划提出的新的林荫大道和可达街道创造出一种全新的体验、使用和欣赏徐家汇的方式。新的行人系统连接不同的新场所，将吸引更多人并激活整个区域。与以往将购物行为集中在中心区位（比如徐家汇广场）的做法不同的是，我们的建议将多样化的文化和购物行为在区域里扩散开来。这不仅将重新分布徐家汇的人员状况，同时也能产生出新的商业增长点和工作机会。

6）资金筹措问题

除了由区政府和市政府共同配套完成的传统的道路系统的资金筹措方式以外，其他创新的资金筹措方式应该予以考虑。一个例子是集合定价，路边计时停车收费和停车场收费根据不同地区的土地使用情况采用不同定价系统，道路通行费也应该一并考虑。应该为各种改进维护项目留出专项的资金，例如：步行者和自行车设施，绿化和美化，全区范围内的街道清扫以及对室外广告标识的控制和清理。

7）教育宣传

着眼于教育和推广新的交通运输政策的宣传应注重三个主要问题：大规模运输、小汽车和自行车。就大规模公交运输而言，它的使用应被推广为小汽车和自行车的替代方式。如在纽约市，地铁一卡通（Metro Card）是一种可以在不同系统间（例为地铁、巴士、轻轨和穿梭巴士）通用的票证。不同种类的票券（常规票，日票，周票和月票）应该有不同方法的比例折扣。这一方法在纽约被证明行之有效。

除了新建道路外，还有其他的交通控制办法。就小汽车使用而言，我们需要摆脱把它们看作是基本运输工具的想法。一个主要目标是将过境交通隔于区域之外从而最小化区内交通。一系列的方法可以被采用来达到这一目标，包括车牌单双号通行，还有就是改善道路标志指示系统帮助加速（司机的）决策过程。长期的计划而言，一个收费系统也许将变得必要。就自行车而言，用特殊的优惠政策鼓励舍自行车替之以利用大规模公交，对某些自行车专用道的限制用途，人行道禁止自行车停放和对新的自行车停车结构和利用需求。

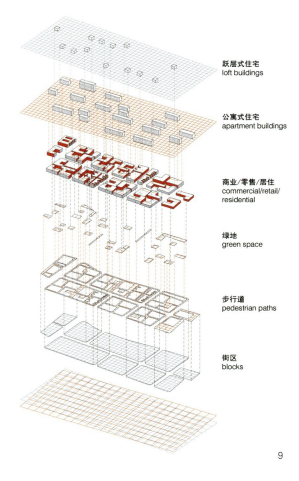

跃层式住宅	loft buildings
公寓式住宅	apartment buildings
商业/零售/居住	commercial/retail/residential
绿地	green space
步行道	pedestrian paths
街区	blocks

8. 新宜山区规划总图
9. 新宜山区规划逐层分析图
10. 新宜山区模型图
11. 新体育城规划逐层分析图
12. 新体育城规划总图
13. 新体育城剖面图

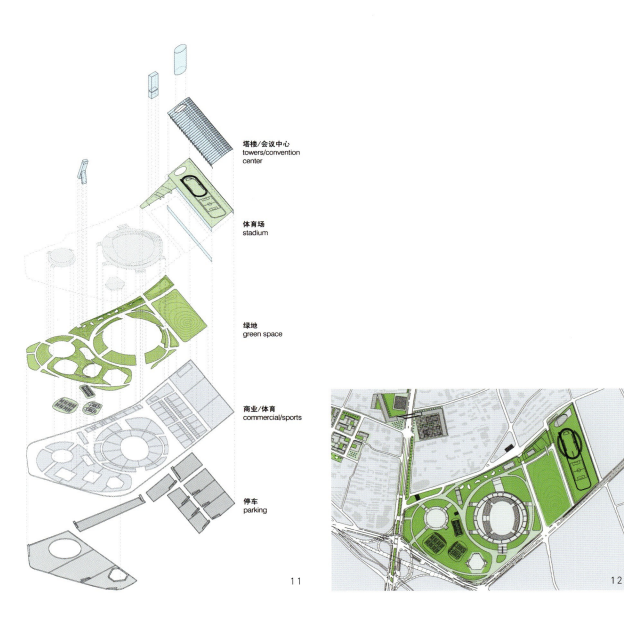

塔楼/会议中心
towers/convention center

体育场
stadium

绿地
green space

商业/体育
commercial/sports

停车
parking

11

12

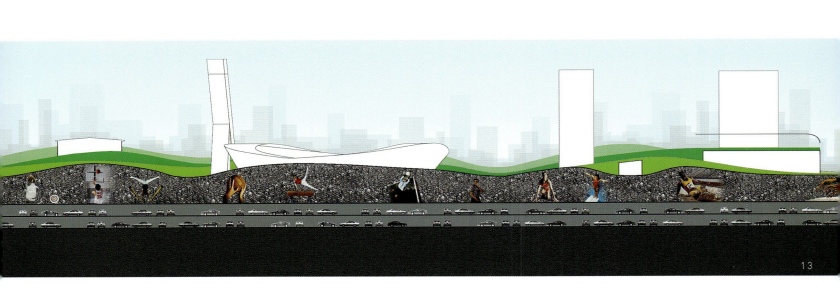

13

栏目名称：

住区调研

栏目主持人：周燕珉

清华大学建筑学院副教授。曾在日本学习工作7年，主要从事住宅、室内设计和老年建筑设计研究。回国后与日、韩学术机构合作开展住宅相关科研，并与万科等多家房地产公司合作进行住宅设计及研究。已著书5部，发表相关文章30余篇。

栏目介绍：为了保证住区开发的合理性和住宅设计的舒适性，开发商和设计者对相应客户群的需求进行充分的了解是必不可少的环节。本栏目将我国住宅市场的客户群进行了较为详细的分类，针对不同客户群拟定调研问卷，进行抽样调研。在对调研数据进行整理、分析的基础上，将不同客户群的居住需求转化为建筑设计语言，并进一步提出了适合于不同客户群的、较为详细的居住空间设计建议，希望能为我国今后的住宅设计带来有益的参考。

老年客户群居住需求调研及设计建议

清华大学建筑学院　周燕珉　杨　洁

[摘要] 随着人口老龄化时代的到来，老年住宅的潜在市场容量不断增加，存在着很大的发展空间。为了保证老年人居住的安全性，对其居住需求进行充分的了解是必不可少的环节。本文在大量入户及问卷调研的基础上，对老年人在现有住宅中的生活状况进行了较为深入的了解，在此基础上总结出老年人在生活习惯上的共性，并进一步提出了适合于老年人的居住空间设计建议。

[关键词] 老年客户群　居住需求　设计建议

Abstract: As the aging times' coming, the potential market for elders' housing is continuously increasing. To insure the safety of the elderly, it is necessary for the designer to be aware of the elders' living requirements. This article based on plentiful questionnaires and a great number of interviews with elder people concerning their living problems. These are helpful to understand the elders' actual demands in depth, and to summarize the commonness of the elders' living habits. Some specific suggestions concerning the apartment design for the elderly are quoted based on those researches.

Key words: Elder Clients, Requirements concerning Living Problems, Suggestions on Apartment Design

前言

随着人口老龄化时代的到来，老年住宅的潜在市场容量不断增加，存在着很大的发展空间。目前，我国大部分老年人由于生活情趣、兴致爱好及饮食起居和消费习惯与子女们存在差异，与子女分居意愿强烈，非常希望有适合老年人居住的较为经济实惠的商品房。

为了保证老年人居住的安全性，对其居住需求进行充分的了解是必不可少的环节。我国老年人的现有居所多为普通住宅，没有考虑老年人的居住特点和需求，为老年人的生活带来很多不便也存在着大量的安全隐患。因此，本文在大量入户及问卷调研的基础上，对老年人在现有住宅中的生活状况进行了较为深入的了解，在此基础上总结出老年人在生活习惯上的共性，并进一步提出了适合于老年人的居住空间设计建议。希望我们的研究能为我国今后的老年住宅设计带来有益的参考。

一、老年人生活习惯上的一些共性及问题

人到老年，生理和心理大异于从前——随着年龄的增长，生理上会眼花、色弱、步履蹒跚、行动迟缓、记忆力衰退；在心理上多有失落感。因此在开发建设老年住宅时，必须要深入研究老年人的身体特点、生活习惯，他们对住宅的特殊要求，在满足老年人一般生理需要的同时，还要考虑老年人在心理方面的某些特殊要求。

我们在调研中发现，大部分老人的某些生活习惯、细节是有共性的，而某些习惯对于居住空间提出了特定要

1. 老人把钉子插在柜缝里挂置日历
2. 大床旁边设置了一个写字台，放置照片、药品等，老人起身时也可扶着
3. 暖瓶放置在地上，容易碰倒发生危险
4. 家中储藏较多椅子，便于聚会使用

求，需要我们在设计中给与关注。在这里将调研的结果总结于下，供设计参考。

1. 喜欢钉挂东西

随着记忆力的下降，老人喜欢在每间屋子的墙上都钉挂闹钟或日历来提示时间。然而现在的住宅墙面比较坚硬难以钉挂，常常只能钉在木质的门或柜子上。因此在老人家居设计中，可适当考虑挂镜线的设置或预留钉挂点，并且必须保证钉挂物品的牢固性。

2. 喜欢在床边放置写字台

比起床头柜等较矮的家具，老人更喜欢在床边放置诸如写字台之类稍高一点的家具，以便起身时可以撑扶。较大的桌面也便于放一些药品、茶杯、照片、收音机等常用物品。在为老人选购家具时应该充分考虑到这一点。

3. 喜欢使用暖瓶

尽管有了热水器和饮水机，暖瓶对于老人来说仍是使用频繁的物品——可能是觉得饮水机的水存放时间太长，不够新鲜，更多的是出于习惯。然而暖瓶易碎且容易造成烫伤，若将暖瓶放在较低的地方易被碰倒，而且弯腰拿取不便。放到太高的台面上则不方便老人倒水和灌水。在考虑暖瓶的放置位置时，要注意安全因素。可将暖瓶放在60～80cm高度的不容易碰到的台面上。

4. 喜欢坐在阳光充足处

老人喜欢温暖，喜欢坐在离窗较近的地方，一边晒太阳一边读报、看电视。所以在窗前（特别是南窗前）应该留有一定的空间设座，同时要注意窗户开启的方向，防止对老人造成磕碰或开启不便。

5. 喜欢使用浴霸

老人洗澡的时候格外怕冷，特别是在每年春秋两季供暖前后时期。因此浴室中一定要安装浴霸补充供暖。浴霸的位置既不能太近，给人体造成灼烤的感觉；也不能太远，达不到暖身的效果。浴霸控制面板应定位于老人洗浴中可以操控的地方，以便随时调控。

6. 喜欢养花草或宠物

老人通常喜欢养花草或宠物，作为晚年生活的爱好和寄托。在阳台上应该留出相应的空间。如设置坚固、高度适中的台架，用来摆放花草，或存放小型工具的柜子或宠物的小舍等。

7. 喜欢折叠椅或叠摞凳

老人喜欢在家中过节聚餐，特别是和儿女们周末聚餐，是很多老人每周的节日。很多老人喜欢使用折叠桌椅等可以节省空间的家具。在挑选这些家具的时候一定要注意其稳定性，以免发生危险。同时要考虑折叠家具收起来后的存放位置，防止绊倒老人。聚餐时不但应该有足够的空间，还要留出足够的通道。

8. 喜欢收到礼品

礼物象征着关心，所以老年人特别喜欢收到礼物。孝敬的晚辈逢年过节总会送来各种各样的礼物——比如营养品或者保健品。如果没有适当的存储空间，老人就会随处存放或塞到角落。时间久了容易忘记，导致营养品变质浪费。因此应该设计充足的礼品物品存放空间，并设计成明格。

9.喜欢把东西放在随手可及的地方

因为记忆力下降的缘故,老人喜欢把东西放在便于取用的地方。比如:常用的东西放在窗台上。在老人房间的布置中,最好多设台面,选用明格家具,或者玻璃门格架。抽屉不宜太深,以便于老人寻找物品。

10.喜欢储存粮食

相对于年轻人而言,老人喜欢自己煮制各种主食,因此老人会购买各种各样的米面豆类。同时,为了减少请人帮助搬运的次数和传统的心理安全上的需要,老人喜欢在家中囤积较多的粮食。这些都需要一定的存储空间。储存粮食的空间一定要注意防虫、防潮,同时还要保证卫生,方便取用。

11.不喜欢睡席梦思床垫

老人觉得席梦思床垫太软,不方便起床翻身,而且医生也不建议老人睡软床。同时部分老人希望床边有把杆或扶手,以帮助起床。这些在替老人选购床的时候都应该注意。

12.不喜欢同床休息

老人常因作息时间不同或起夜、翻身、打鼾等问题而互相干扰。大多数家庭中老人各自有单独的床,或者分别睡在不同的房间,以免相互影响睡眠。

13.不喜欢面对窗户睡觉

老人睡眠情况不好,很容易被外界干扰。因此如果睡眠时头部对着窗户,会被清晨的阳光照醒。所以老人房间的窗帘要能够遮挡光线,如:选用遮光窗帘。在家具布置时应重点注意床头的方向,既要保证老人的头部不被风直接吹到,又要保证良好的通风效果,同时还要尽量避免睡眠时面部对着窗户的状况。

14.不喜欢使用空调

老人对温湿度变化很敏感,总觉得空调的风"太硬"。尤其是夏季使用冷风时,很多老人会觉得关节部位有酸痛感。所以老人的房间一定要注意自然通风采光,尽量避免使用空调。当不得不使用空调时,送风方向不要直接对着老人的坐卧范围,比如对着床或写字台。

15.不喜欢改变家具位置

即使改变能够极大地改善生活,通常老人也不喜欢大的改变。对老人而言,搬家具,适应新环境带来的麻烦远远大于因此而产生的便利。因此在最初布置设计老人房间的时候务必考虑周全,尽量不要留下任何问题"以后再说"。

16.不喜欢做幅度太大的动作

老人的身高与年轻人相比普遍较矮,而且行动能力有所下降,因此老人的操作范围相对年轻人更小。目前市场上使用较多的厨房台面高度是85~90cm,对老年人而言偏高,比较合适的高度是80cm左右。吊柜和地柜的把手位置也应该接近老年人的手臂活动范围,不宜太高或者太矮。

17.不喜欢站或蹲着换鞋

俗话说:人老先老腿。老人的腿力和平衡能力都有所下降,因此站着换鞋很不方便。对于大多数老人来说,蹲是一个比较困难并且危险的动作,甚至容易引发脑血栓等心血管疾病。因此在门厅处要放置座椅,便于老人坐着换鞋。不仅是出于舒适,更是出于安全的考虑。

18.不喜欢过于复杂的东西

老人不喜欢过于复杂现代的生活用品和家用电器。因此无论是家具还是电器,都应该选择简单易操作的类型,各种电器的控制面板应该大而醒目。如果能和老人原来使用的形式比较接近,会让老人更容易接受。

19.不喜欢扔掉不用的东西

敝帚自珍是老人的天性。不但舍不得扔自己的东西,还会保存一些儿女淘汰的家具电器。如果没有足够的储藏空间,老人就会堆放在家中使房间变得混乱。因此老人房在设计中,必须预留足够的储藏空间。

20.不喜欢太麻烦的清扫

随着劳动能力的下降,老人不喜欢难于清扫的东西。因此家具物品的造型,线脚,要选择简单,易擦拭的形式。因怕擦地打理,部分老人选择在家中铺地砖。在地砖种类的选择上,要注意防滑耐脏两种要求。特别是厨房卫生间的地砖表面,既不能太光滑,也不能有凹凸过深的纹理。在颜色上要避免使用容易显脏的太深或太浅的颜色。

生活中老人的喜好、习惯看上去都是小细节,在设计中尊重这些细节对老人生活的安全和舒适起着至关重要的作用。

5.次卧床边的柜子上放置了许多装有粮食的塑料袋

6.老人喜欢分床睡

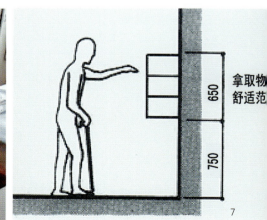

7.老年人拿取物体的舒适高度是从地面以上750~1400mm之

二、对老年住宅内各个空间的设计建议

对于老年住宅的一般要求是：环境清静、楼层较低、采光良好、通风良好、视野开阔、安静卫生、进出方便，尤其要坚持设施无障碍原则。具体到住宅内各个空间的设计要点如下：

卫生间

1. 卫生间内暖气的位置需要精心设计，做好防护，且不能影响通行，如放在门后、墙壁上等较为隐蔽、安全的地方，防止老人被烫伤或碰伤。
2. 卫生间内安装防水插座。插座的设置位置：水池旁，作为吹风机，刮胡刀，电动牙刷等的插座；恭桶旁，便于以后改造为智能型恭桶；浴霸、排风扇附近的高处；另外插座应设置在淋浴的范围之外。
3. 恭桶、洗手池高度要合适，一般恭桶高度为450mm左右，洗手池高度为800mm左右。
4. 恭桶的旁边可设L型扶手及紧急呼叫器。
5. 恭桶最好选用白色以便老人观察排泄物有无问题。
6. 老人洗澡时浴室的温度应略高于其他居室，瞬间升温的方式最为理想，所以浴霸等采暖电器的使用对老人有益，需要安装在浴室的顶部，洗浴范围的上方，距离头顶50~60cm为宜。
7. 灯光的适宜位置：卫生间的灯光不宜过低；除洗脸池上方设镜前灯外，恭桶的上方也宜设灯，便于老人检查排泄物；浴霸有照明的功能，但不能代替照明用具。
8. 安装浴缸的老人家中应注意以下几点：浴缸高度450mm以下为宜，颜色以白色为佳，要做好防滑处理。浴缸不宜过长，部分的边缘宽度应达到250mm~300mm，便于老人坐着移入。在浴缸附近必要的位置应安装扶手，便于老人抓扶。淋浴使用比较频繁，应与浴缸分设，有专门的冲洗位置。
9. 洗澡时卫生间内应该有方便老人坐下的地方，或可以放置小凳子的空间。
10. 浴室内可设置一面镜子，老人洗澡时可以及时发现平时不易观察到的身体变化，例如皮肤的淤青。
11. 在干湿区的分界处应放置一个地垫，旁边设一把椅子便于老人坐着擦脚或换鞋。
12. 卫生间内应该铺设防滑地砖，防止老人在卫生间内滑倒。
13. 卫生间里的装修色彩应以清淡，易清洁为主。
14. 扫帚、拖把等清洁用具需要设置专门的挂置空间，做到分门别类、洁污分开。
15. 手纸盒的位置应便于老人在如厕时拿取，一般距离地面750mm，距离恭桶前方250mm。手纸也要有充足的储备空间，且应保证手纸在储存的过程中不会受潮。
16. 卫生间内应设置挂毛巾的地方，做到不同用途的毛巾分开展开放置，要保证通风良好、不易受潮，且应便于洗浴与洗脸时拿取。
17. 因为老人平时喜欢用脸盆，需要从龙头接水，所以洗手池的形状及龙头高度应便于放置脸盆。
18. 卫生间门口的高台或过门石很容易绊倒老人，应尽量消除。
19. 为了方便老人夜间如厕，卫生间距离卧室越近越好。
20. 部分老人夜间常使用尿盆、夜壶等，卫生间内应设有便于刷洗这些用具的龙头、水池和放置场所。
21. 洗浴最好能分离出一个单独的场所，而且空间不必过大，以便在冬季使热气集中，保证温度恒定及便于干湿分离。另外，洗浴空间尺度应方便老人动作的伸展，并预留护理人员的操作空间，及扶手等的位置。
22. 卫生间的门应向外开或可从外部解锁打开，防止老人在卫生间内倒下后挡住门，外部人员无法进入救护。

厨房

1. 吊柜及操作台的高度设置应该根据老人的身高确定。800~850mm高的地柜比较适合老人使用。
2. 整体厨房应根据老人的使用特点进行设计，应尽量增加台面，多设计中部吊柜。
3. 水池下部的柜体最好是空的或向里凹进，以便轮椅插入或坐凳子操作。
4. 微波炉、冰箱等旁边应设有一定的操作台面，以方便老人临时放置物品，及时倒手防止烫伤等。
5. 炉灶要有自动断火功能，厨房内应安装煤气泄漏报

8. 家中物品堆积影响老人拿取其他的东西

9. 在恭桶旁墙面适当位置安置手纸桶、紧急呼叫器、抓杆、冲水按钮等

10. 浴室入口及室内地面铺设防滑地垫，恭桶上铺设软质座垫可作为换衣服时的座凳使用

警器。

6．针对暖瓶设置专门的存放位置，如放在台面上，高度以600mm左右为宜，便于老人灌水取水，并且使暖瓶不易被碰倒，以免发生危险。

7．厨房是老人每天频繁使用的空间，需要有适宜的温度和良好的通风，开启扇大小要达到国家要求，暖气的位置不要影响低柜的布置，并能保证充分散热。

8．抹布应按不同的用途分类、展开放置，并要保证良好的通风。

9．在炉灶和水池的两边都要留有台面，以便烹饪和洗涤时方便放置物品。

10．厨房中应做到洁污分区，垃圾桶的位置应注意选择，水池旁是垃圾产生最大量的地方，就近使用可减少污染面积，同时要保证其位置不阻碍通行。

门厅

门厅的设计应该注意以下几点：应留有放置鞋柜与衣柜的空间；为老人换鞋坐下与起身方便应设置坐凳与扶手；门厅地面要防污防滑，门厅上空应注意设置照明；要设置进门后可顺手放置物品的台面；如果可能，应满足轮椅转圈的要求，和留有存放轮椅的空间。

起居室

1．老人坐的沙发需要有一定的硬度，且两边需要有扶手。沙发高度在400～500mm为宜。

2．老人一天中呆在起居室的时间最长，除去睡觉几乎都在起居室内度过。老人需要晒太阳，并且不喜欢空调，所以保证起居室内的自然采光与通风非常重要。起居室内窗的采光面积要大，开启扇应保证一定的数量和面积，且布置位置应使气流均匀。

3．窗帘应选厚重、遮光性好的材料，保证冬季挡风，并防止早上过早清醒。

卧室

1．卧室内大灯的开关应在床头增设一面板，使躺下后仍能方便的关上大灯。灯光明暗最好能做到可调。

2．冰箱不应放置在卧室之内，以免噪声影响睡眠。

3．卧室中的床可放置在靠近窗户的地方，白天可以接受阳光照射，但要防止冷风吹到床头。

4．床头应该放置较高的家具，便于老人从床上站立时撑扶，最好有较宽的桌面与足够的抽屉，便于放置水杯、电话、照片、药品等物品。

5．一些季节性比较强的物品，如凉席、风扇等，需要专门方便的存放空间。

6．床边应设置安全的电源插座，以方便给常用的电器、健身设备插用。

7．电话应尽量靠近床的位置，便于老人在床上也能接电话。

阳台

1．阳台的进深应适当加大，以1500mm～1600mm较为合适，利于老人利用阳台养花、休闲、晒太阳。

2．阳台的内窗台可适当放宽，如设计为250～300mm，便于放置中小型花盆等。

3．可设置一些低柜，一方面方便老人储藏杂物，另一方面其台面可以用来放置花盆和随手的物品。

4．阳台两端可增设较低的晾衣杆，方便挂置小件衣物，又不影响起居的视觉和阳光。

5．应设计晾晒被褥的栏杆，老人的被褥应该经常见阳光，消毒杀菌。可在阳台内或外，中部高度设置结实的晒大件被服的衣杆。

此外，老年住宅应有一定的可改造性。人从步入老年（60岁）到进入被照顾关怀期（85岁以上），差不多有一二十年的时间，有些设施和设备，健康时期不需要，只有在行动缓慢期（75岁后）才迫切需要。比如扶手，过早安装，会占据一定的空间，到照顾关怀期后，卫生间才需要有较大的回旋空间，便于轮椅旋转及协助人照顾老人；一般老人用洗脸盆的位置不宜过低，以免洗脸时前倾曲度过大，腰部过于受力。如果是供坐轮椅或坐着洗脸的老人使用，脸盆的高度就要下降。因此老

11．老人卧床不起时，卫生间可改造为开敞式，恭桶、浴缸与床之间设吊轨，以协助移动老人

12．厨房操纵台下部凹进以便轮椅接近

13．电磁炉无烟无火，老年人使用较安全

年住宅的设计一定要事先注意留有余地，使空间和设备具有较强的可变性和改造性。

三、对老年住宅区内公共空间及环境的设计建议

为充分保证老年人的安全，老年住宅的公共空间设计应注意以下几个方面：

1. 走道应严禁堆放杂物，走廊设计要确保有直接的通风采光，走廊应加设扶手，地面需防滑，有踏步处应加强照明并注意消除自身的阴影，灯泡可采用长寿命的节能灯，其位置应方便更换。

2. 住宅楼的设计在一层应尽量减少室内外的高差，踏步高度以120~150mm为宜，并应作坡道保证无障碍通行。

3. 楼道中的扶手应连续设置，高度为850~900mm。

4. 救护车应保证能够停到单元门前，楼道等转弯处应能保证担架通行。

5. 严格遵守消防规范，并应从老人行动缓慢等方面着想，留有充分的余地。严禁窗上设置防盗栏杆，同时门窗应开启方便。

6. 老人住宅楼内应设置担架电梯，电梯内应设为轮椅使用的防碎镜及低位按钮，并希望设置两部电梯，以备维修时倒换。

此外，针对年老以后记忆力衰退，还应加强住宅外观的识别性——设计者可通过加强住宅外观及外部环境的差异来提高住宅识别性，也可通过改善照明、变换材质色彩及采用多色彩、大字体的指示性标志来提高识别性。入口台阶和楼梯要适应老年人体能，坡度放缓、宽度加宽，双侧设置扶手。老年住宅社区的环境要安静优美，要有遛弯、户外健身的地方；针对老年人体能、耐力较差的特点，在一定距离内设置相应的休息空间和设施；社区内以及周边的购物环境也要方便。

四、写在后面的话

我们进行此项研究的主要目的是了解老年人居住生活中的实际需求及住宅的使用不便之处，发现存在的问题，寻找改善的途径，为今后的老年住宅设计、住宅装修和改建等提供借鉴和依据。

文中部分数据来源于清华大学建筑学院二年级同学的寒假调研：我国城市老年人居住情况调研。此调研工作自2000年开展，目前已收集到来自全国各主要城市的老年人居住信息，积累有效问卷近500份。

入户调研工作主要选取北京西城区月坛街道的汽南居住小区为研究对象。汽南小区是成熟的传统居住区，住宅资源丰富，建设年限从20世纪50年代到90年代都有，包含了北京住宅的几个最主要建设阶段，户型具有代表性。同时，汽南小区的老年工作是全国的样板之一。小区居民共3000余人，60岁以上的老年人占居民总数的26%，其中有"空巢老人"160户，独居老人有36户，是典型的老年社区。2004年，居委会提出了"无围墙敬老院"的构想，以减轻家庭负担、降低政府对养老设施建设的投入为目的，把"社家养老"和"居家养老"的模式引入社区，这是北京的一项新实践。"无围墙敬老院"的养老模式及特点是不脱离家庭、不脱离亲情、不脱离友情的多样化服务，它在某种程度上消除了两代人的顾虑，弥补了当前家庭养老功能的不足。以汽南小区为调研对象具有很高的参考价值和实践意义。

文后的附录图片为我们在调研过程中总结出的老年人居住建议，其中针对老年住宅的各个空间提出了较为详细的设计建议，并配以图示说明，既可以为开发商和设计者提供设计参考，也方便老年人对照图片检查自己住宅中的安全隐患，为装修、改造提供指导。

随着我国老龄化程度的不断加剧，老年人作为弱势群体已渐渐引起社会各界的普遍关注。面对日益庞大的老年群体，作为和老年住宅直接相关的设计者和开发商的我们更应满怀爱心，对老年人的需求进行深入细致的研究，在开发和建设老年住宅时，尤其要关注设计细节，尽最大努力为老年人提供安全而舒适的居所。

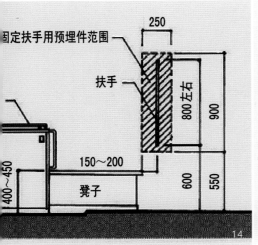

14. 门厅应设置换鞋用座凳及起立扶手

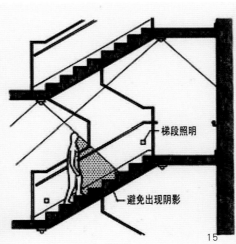

15. 楼道应在适当位置设置照明灯具和扶手

16. 电梯内设连续扶手及方便乘坐轮椅者使用的按钮及防碎镜

老年人居住建议

清华大学老年人建筑研究小组®

厨房
- 餐具容易拿到 温水洗涤餐具
- 食物分类储藏
- 可以坐着操作 灶台高度适中
- 利用中部空间作储藏 操作台下部凹进放腿
- 使用安全灶具防止煤气泄漏

服务阳台
- 衣物的晾晒
- 洗衣机的使用 水池设在洗衣机旁且靠椅可坐着取放
- 洗涤剂的收纳 有足够的收纳空间且容易取放
- 老人抓握能力减弱，球状把手使用困难，因此应选用压杆式把手及立杆式门拉手
- 老人平衡能力减弱，易发生跌倒事故，因此应避免采用表面光滑的地面材料

走廊·门厅
- 老人记忆力减退，不易清楚收藏物品的位置，因此喜欢将物品放在视野之内或家具的表面
- 过道宽度考虑轮椅 多层住宅设电梯 墙面设立式抓杆
- 楼梯设扶手和地灯
- 鞋柜旁设置换鞋坐凳
- 老人肌肉力量减弱，弯腰等动作非常困难，因此应提升插座的位置并降低开关的高度

餐厅
- 老人平衡能力减弱，因此应避免采用表面光滑的地面材料
- 餐厅应有良好的光线 并且尽量靠近厨房

卫生间
- 留足衣更空间 卧室与卫生间尽量靠近
- 手纸空间可坐着拿到
- 马桶旁设抓杆和呼叫器
- 设置起立抓杆 洗面台下空以便放腿 起立困难

卧室
- 起夜频繁，卧室应提供起夜照明
- 空调供风方便进入 老人着衣 储物柜夜间适中

浴室
- 注意浴室内外温差
- 降低迈入的高度
- 浴缸周边设抓杆 浴缸边坐凳方便进入
- 可以坐着淋浴
- 可以坐着更衣

阳台
- 阳光充足，可放置沙发或躺椅

起居室
- 老人对温度变化适应性差，容易受凉感冒，因此卧室应尽量靠近卫生间、浴室等房间
- 老人听力减弱，墙面隔声以防干扰其他房间
- 选用带扶手沙发 老人起身方便

栏目名称：
绿色住区
栏目主持：何建清

清华大学建筑学院博士，国家住宅与居住环境工程技术研究中心研发部副主任、教授级高级规划师、注册城市规划师、课题负责人、《年度报告》主编，并担任中国可持续发展研究会人居环境专业委员会秘书长、北京市城市科学研究会理事。

合作单位：国家住宅与居住环境工程技术研究中心

栏目介绍：10年前，我国的住区发展目标是改善住房条件，10年后，我国的住区发展目标已提升到改善住区绿色性能、增强住区可持续力。为此，我们特开设"绿色住区"栏目，介绍全球绿色住区建设范例和研究成果，探讨绿色技术成果转化和应用热点问题。

栏目特点：以建设范例为线索、"绿色＋宜居"为核心，构建绿色住区信息交流的开放平台。

住区太阳能供热技术应用概述

国家住宅与居住环境工程技术研究中心　何建清

一、太阳能资源利用[1]

20世纪90年代以来，世界太阳能市场以年均16％的幅度增长，是同期石油市场增幅的10倍。巨大的市场潜力有力地吸引了众多厂商向太阳能在建筑中的应用方面投资。21世纪初，国际资本进入发展中国家太阳能应用领域将形成热潮，太阳能产业的发展正面临良好的机遇。

传统的太阳能利用方式，是被动地设置合理朝向，使建筑最大限度地获得自然采光、冬季采暖和夏季通风；现代方式则主动与被动于一体，开发出太阳能加热（包括加热水和空气，提供工业和民用用热）、太阳能发电、太阳能制氢、太阳灶等技术和产品，其中发展最为成熟的是太阳能热水技术。

二、太阳能热水技术及系统构成

太阳能热水技术属太阳能热利用范畴，原理是通过太阳能集热器／热水器将太阳能转换成热水。

太阳能热水系统由集热、蓄热、换热、循环、控制、组合热源、用户终端等构成。在既有生活热水又有采暖的太阳能热水系统中，可以分为集热／蓄热部分、生活热水部分、采暖热水部分，另外还要配套锅炉或热力站，以保证太阳辐射量不足时太阳能热水系统的连续正常使用（图1）。

太阳能热水系统因集热、蓄热和供热方式和规模的不同，可分为两大类：一是小型局部系统，即局部集热、局部蓄热、局部供热的系统；二是大型集中系统，即集中集热、集中蓄热、集中供热的系统，或分组集热、集中蓄热和供热的系统；三是介于上述两种之间的系统。大型系统是相对于小型系统而言的。

小型局部系统是最常见的系统形式，在低层住区和独户住区最为常见，每户住宅分别设置独立的太阳能热水系统。其优点是各用户之间没有流量分配及控制问题，缺点是对于整个住区的太阳能利用和产出来说，存在重复设置、总投资大、用量不平衡、利用率低等问题。

大型集中系统主要通过大面积太阳能集热器阵列或阵列组合（设计安装在地面、屋顶或墙面等部位）、组合热源、蓄热水箱、循环泵、管道和控制系统等成套设备，构成太阳能热水系统。其优点是避免重复设置、节约初始投资、有效调剂和合理分配用量、利用率高，并可依托成熟的节能锅炉供热技术，运行维护方便，实现总体节能。但需要对住区统一规划设计，合理安排集热面积，平衡投资回报，增设管理收费和计量设施。主要用于大规模和较大规模供热工程，如市政供热、住区供热以及供热系统的节能改造等。

目前市场上最常见的集热器有平板型（包括单层、双层不同透明材质盖板，不同吸热材料及涂层，标准型、组合模块型、预制整体型等）、真空管型（不同材质普通真空管、热管真空管，固定支数标准块、联集管组合块

1. 太阳能热水系统构成示意。来源 何建清
2. 全球千人平均太阳能集热器安装面积。
来源 IEA，2002数据

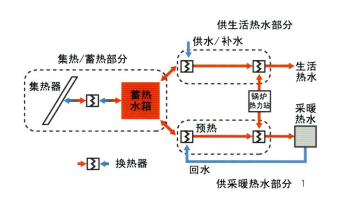

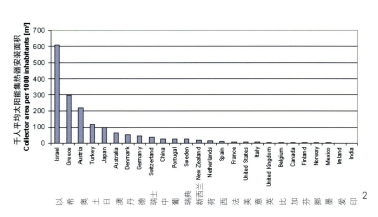

等）、闷晒型（筒或箱形容器）三种。欧美用户普遍使用平板型集热器，我国普遍使用真空管型集热器，我国乡村地区还在使用闷晒型。

太阳能热水蓄热分为短期和长期两种。短期蓄热的时间从一天到一周不等。长期蓄热的时间根据蓄热方式和蓄热量的不同有所差别，但都是按跨季节蓄热考虑的，水源或地源热泵技术也是蓄热手段之一。在大型集中太阳能热水系统中，采用长期蓄热系统可使总热负荷中太阳能的保证率明显提高。

太阳能热水系统运行方式主要是自然循环式和强制循环式，另外还有直流式。自然循环式运行维护简单，南欧和我国市场上的局部系统多以此种方式为主。欧洲市场上的局部系统也采用强制循环方式运行，原因是产品质优、安装规范。

三、我国太阳能热水技术应用

据《中国太阳热水器产业发展研究报告2001-2003》，截至2003年，我国太阳能热水器年安装面积达到1200万m^2，累计安装面积5000万m^2，居全球首位。预计到2015年，我国太阳能热水器年安装面积将达到4000万m^2，累计安装面积将达到2.7亿m^2。但以千人安装面积计，我国太阳能热水器应用仅处于中等水平（图2）。

我国的太阳能热水器市场多以散户型、后置安装、小型局部系统为主要特征，不论是低层独户住宅，还是多、高层集合住宅，都在大量使用局部集热、局部供热系统，集体安装型和热水工程型少，缺乏太阳能热水产品与建筑工程的系统整合。太阳能热水器产品（从分类到性能）是生产企业单向选择的结果，而生产企业重集热核心元件加工、轻集热器成品加工、轻配套部件开发供应现象严重，致使我国市场上大量使用的真空管热水器二次组装产品多，个体差异大，标准化和产业化程度低，产品适配性与建筑整合设计之间存在很大矛盾。

近几年来，国内太阳能热水器行业与建筑业也在积极寻求和实现跨行业的联合，以增强研发实力，实现成果和产品的市场化、标准化、产业化应用。

"十五"期间，国家经贸委、科技部、建设部等部委近年先后启动项目，设置试点或示范工程，推动和促进太阳能技术应用（表1）：

截止到目前，我国已初步建立起由国家标准(GB)、行业标准(NY)、地方标准(DB)和企业标准(QB)四级体系构成的太阳能技术质量标准保证体系，包括14部国家标准、3部行业标准、1部地方标准（已颁布实施），2部企业标准（正在编制中）。

四、欧洲住区太阳能热水技术应用

欧洲是将太阳能热水技术引入城市供热以及居住区、

太阳能热水技术应用实验、试点和示范工程一览表　　　　　　　　　　　　　　　　　　　　　　　　　　　　　　　　　表1

城市	项目名称	集热器/安装	集热面积	供热类型	系统类型	建成时间
北京	将军关村1期	RI/FP	1720m²	热水/采暖	局部	2005
北京	玻璃台村	RM/ET	1206m²	热水/采暖	局部	2005
北京	清上园小区	BI/ET	1028m²	热水	局部/集中	2005
北京	常营小区	RM/FP	60m²	热水	集中	2005
杭州	政园小区	RM//ET	4020m²	热水	局部/集中	2005~2007
嘉善	证大东方名嘉小区	RM//ET	696m²	热水	热水	2002
昆明	红塔金典小区	RI/FP	570m²	热水	集中	2002
昆明	佳园小区二期	RI/FP	960m²	热水	局部	2002
丽江	滇西明珠酒店/别墅	RI/FP	3400m²	热水	集中	2003
济南	力诺科技园住宅区	RM/ET	1100m²	热水	局部	2004
南宁	半山丽园小区	RM/FP	1474m²	热水	局部	2004
南宁	翡翠园小区	RM/FP	1256m²	热水	局部	2005
上海	佘山天安别墅	RM/FP	588m²	热水	局部	2005
德州	皇明科技园住宅区	WM/ET	531m²	热水	局部	2003
南宁	翡翠园小区	RI/FP	440m²	热水	集中	2004
天津	都旺新城小区	RM/FP	180m²	热水	集中	2004

来源：根据科技部2002EG231202项目、国家经贸委/联合国基金会ESA/CPR/01/178项目报告不完全整理汇总，项目均在系统运行监测中，目前尚无完整数据。表中FP表示平板集热器，ET表示真空管集热器，RI表示嵌入屋面安装，RM表示屋面支架锚固安装，BI表示阳台栏板安装，WM表示墙面锚固安装。

住宅小区、住宅组团供热的先驱。

与我国不同的是，欧洲主要采用平板式热水器产品，在系统选型上，独户住宅多采用分户式小系统，而连排住宅和集合住宅则主要采用集中集热、集中供热，或集中集热、分户供热的大系统，为住户提供生活热水和采暖。一些国家比如德国，自1995年起，已开始利用太阳能热水器，采用集中集热、集中供热的方式，配置跨季节蓄热设施，辅助地源热泵或生物质能等可再生能源技术，为住区供热。而在最早开始大规模太阳能供热尝试的瑞典和丹麦，已拥有集热面积超过1万m²的太阳能热力站，与市政区域热网相连，冬季替代部分常规能源采暖，夏季则可为居民提供用量90%以上的生活热水（图3~4）。

由于各国的气候条件、用热需求、能源结构不同，其工程应用及做法各有差异。现已初步形成南欧、中西欧和北欧三种太阳能应用模式。

南欧太阳能资源条件好，气候炎热，生活热水需求量大。希腊、意大利、西班牙等，主要将太阳能用于制备住宅生活热水。热水供应系统通常选用直流式集热器，辅以廉价的电加热系统，组成分户式小规模供热系统，特点是投资回报期短，全年运行时间长，价格低廉。集热器通常安装在住宅平屋面上。近年来，希腊、西班牙等国家已开始研发太阳能制冷技术，但目前尚未市场化。

中西欧国家城镇基础设施完善，住区生活热水和采暖用热标准高，供热多由不同规模的区域供热（district heating）系统提供。德国、荷兰、奥地利等国家，不仅利用太阳能制备生活热水，还利用太阳能提供采暖，并充分考虑了太阳能利用的冬夏平衡和运行使用的经济性。其中德国发展了集中式住区级供热系统和跨季节蓄热技术，荷兰发展了太阳能集中集热分户供热——天然气辅助供热技术，奥地利发展了太阳能——生物质能组合热源供热技术。

北欧国家气候寒冷，传统上多采用城市级中央热力站或热电联供的集中供热方式、低温热水循环系统，为住区提供生活热水和采暖，主要用热负荷来自于冬季采暖。因此，太阳能多作为市政供热的辅助或预加热热源使用，只有在7~8月才作为夏季生活热水主要热源。采用这种方式，能够使太阳能为住户提供夏季用热负荷90%以上的生活热水，再辅以其它专为夏季供热配置的热源，就可满足高峰用水时段和太阳能得热量不足时的热水需要。同时，市政供热用的其他燃油、燃气锅炉、生物质能热电站等设施均可关闭，实现环保和节能。

3.瑞典哥德堡Kungalv太阳能热力站原理图。来源：EU Thermie B
4.德国内卡苏乌尔姆市Amorbach居住区太阳能与地源热泵联合供热系统原理图。来源：UN RPFS519 STH03030

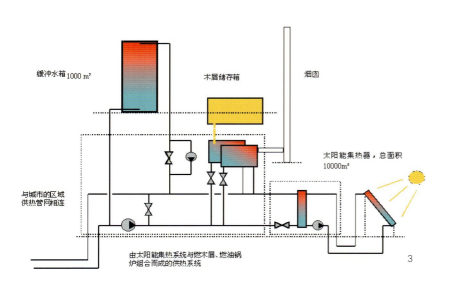

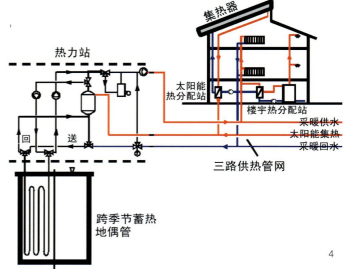

5.德国腓特列港Wiggenhausen小区采用轻钢结构在屋面外挂组合单元集热器。摄影：何建清
6.德国汉诺威Kronsberg小区使用屋面组合集热模块。摄影 何建清
7.荷兰Megawatt小区预制装配集热单元吊装中与安装后。来源：荷兰NOVEM
8.德国纳卡苏姆Amorbach小区整体集热屋面板。来源：德国EGS公司
9.德国立面组合模块集热器与外窗组合使用。摄影：何建清
10.11.屋面检修人孔及折叠梯。摄影：何建清

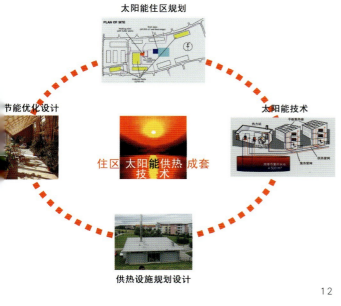

12. 住区太阳能供热技术应用的规划设计概念。来源：何建清

五、欧洲住区大型集中太阳能热水技术应用的工程实践

据德国布伦瑞克理工大学M. Norbert Fisch教授研究[2]，采用大规模系统，将原来分散的太阳能集热器，按标准单元组合或整体布置的概念进行集中布置时，单是太阳能集热器一项的投资成本便可大幅下降。当集热器集中安装面积超过500m^2时，其单位成本仅为集热面积50～200m^2时的50%，分散布置时4～8m^2的30%。同时，由于可以统一配置蓄热设施和组合热源，并采用成熟供热技术敷设供热管网、设置热力站，使得系统供热效率大大提高。

德国对大型集中太阳能热水技术进行了大量住区应用的实践，其中"太阳能热能2000 (Solarthermie 2000)"项目示范工程的陆续建成和运行监测，为住区大规模太阳能应用提供了技术参考。根据德国的工程经验，采用规模化的集成应用模式，是促进太阳能供热市场化、产业化和标准化的有效途径。更重要的是，采用大面积集中布置的集热器，使得施工和维修工作能够统一承包给专业公司，并使系统全寿命运行的质量和效果有了保障（图5～11）。

六、住区太阳能热水技术应用引发的观念更新

传统的住区规划设计，更多地是解决居住容量、密度、功能以及配套服务问题，没有从规划阶段涉及住区全寿命使用过程中的能源消耗和供应问题。随着我国社会经济的发展，人民生活水平的提高，无论是城镇还是乡村，其住区品质的优劣，将更有依赖于绿色的用能结构和用能方式。今后的住区建设，一方面要规划布局得当，环境优美，满足居住功能的需要，另一方面还要提高整体绿色性能，减少温室气体排放，实现可持续发展。

作为一项公认的绿色技术，太阳能热水技术在未来住区的建设中，必将扮演重要的角色，但是如何实现其规模化、标准化和低成本的转化应用中，则有待研发和实践。

根据国内外已有的经验和教训，单靠太阳能技术、规划设计技术或其它某种专项技术，均无法保证太阳能热水技术在住区中的可靠应用，必须依靠多学科、多工种的技术集成和系统优化才能实现。传统的住区开发建设和规划设计模式，也必然加以转变。从住区规划设计的角度来说，传统的概念需要更新，专业设计人员的知识结构、技能需要重新更新和培训，相应的标准规范需要补充和调整。从住区开发建设和管理的角度来说，政府和民间渠道的投资、配套的激励政策是进行市场推广的重要保证。

住区太阳能热水技术应用引发的规划设计观念的更新，集中体现住区规划设计、住宅建筑节能设计、太阳能系统设计、供热设施规划设计四个主要方面，而"成套和集成"是观念更新的重点和核心。

住区规划设计要为太阳能系统敷设，提供保证集热器工作条件的场地（包括在建筑屋面、立面安装时的安全、定位和面积），提供蓄热设施必须占据的室内外空间，提供管线路由和井道，提供独立或配建的设备用房、热力站，更重要的是，要创造出"太阳能住区"特有的形象和景观，使住区在使用过程中不仅耗能，还能持续产能（图12）。

住宅建筑节能设计要根据气候特点，采取适宜的建筑体系，合理组织和利用空间，提高太阳能被动受益比例，有效地控制建筑体形，为太阳能供热系统减少建筑能耗和冬季供热负荷。太阳能系统设计要为经济合理地利用太阳能、优化系统选型配置，提供成套技术方案和设备集成，包括选择经济合理的组合热源方案和设备。供热设施规划设计要突破传统的以常规能源为热源的模式，要将太阳能热源与常规能源、其他可再生能源组合在一起，进行优化使用。

本栏目将通过后续工程案例的分析研究，对这个问题作进一步阐述。

注释

1. 何建清，大规模集中式太阳能供热技术在小城镇住区的应用前景，小城镇建设．2004：81～83

2. M.Norbert Fisch, LSSH Systems in the Settlement Area —10 Years Development in Germany, 1999

城市的记忆，历史的痕迹
——访日本规划师、景观师横松宗治

《住区》编辑部 姜 莉

这几年，国内开发商与国外设计师的合作越发频繁，不仅是大单位的项目、规模大的项目、重要的项目有众多国外设计师的身影，连小型房地产公司开发小规模的住宅项目时都会说："我们找个国外设计单位（师）吧。"除去市场作秀的成分，大多数发展商希望能用国外设计的先进理念和经验来避免问题、解决问题、继而创新吸引市场。如何选择认可中国文化、尊重中国传统、真正适合某类项目又有兴趣的设计师呢？本栏目将陆续为您推荐国外知名设计单位的首席设计师或者资深设计董事、主任设计师，让您了解他（她）现在最想做的项目、最擅长解决的问题、以及设计理念等。

我起心来采访日本规划师、景观师横松宗治先生源于一次与深圳雅克景观设计公司总经理吴文媛女士的闲聊。吴女士提到一段趣事：下属某资深设计师嗜好研究古代军事，某日与横松探讨三国历史，横松一边手绘古城平面一边聊天，毫不输阵。这引起我极大的兴趣：怎么会有一个外国建筑师这么了解中国古代历史？于是一个阳光明媚的下午，我在深圳雅克景观设计公司采访了日本规划师、景观师横松宗治先生。

请问，您是何时开始参与中国的设计项目的？主要参与了哪些？

横松：我早年求学于日本早稻田大学建筑规划专业，于1971年取得硕士学位。其后，依次就职于株式会社AURA设计工房、株式会社日本设计、株式会社日本Land Design、深圳市雅克景观设计工程有限公司。5年前，应深圳招商局的邀请参与海上世界地块规划设计国际竞赛，始与中国项目合作，从此开始一段充满挑战的中国设计之旅。

后来陆续参与了深圳市中心区规划投标，深圳市中集R&D中心规划设计，深圳市大梅沙湖心岛规划设计等。

我对中国有着特殊的感情，对中国古代历史有较深的研究，读了大量中国历史文化书籍，这主要受我父亲（去年秋天已去世）的影响。家父是大学教授，早年一直从事中国古代思想史的研究，著有大量论文并翻译了大量中国的作品到日本。后期专门研究鲁迅思想及其文章，著有日文版《鲁迅传》，现已译成中文，在中国发行。

您最擅长做哪方面的设计？目前最感兴趣哪方面的设计挑战？

横松：我在大学学的是建筑，研究生侧重于建筑有关的艺术类研究，工作后从事规划和建筑。应该说，各个领域都有涉足，很难说最擅长的。如果问到最感兴趣的，那么设计师最希望在两种情况下进行设计：在一片什么都没有的空地

1. 长崎县豪斯登堡的假定形成史
2. 1482年的豪斯登堡（资料图片）
3. 1648年的豪斯登堡（资料图片）
4. 1988年的豪斯登堡（实景图片）
5. 1992年的豪斯登堡（实景图片）
6. 2003年的豪斯登堡（实景图片）

上设计一个新建筑；或者在一个现有旧城区的再开发项目。

我毕业时，正好遇到日本经济高速起飞，参与了大量的公共建筑和新建筑的规划设计工作，目前希望做一些旧城区的再开发项目，在旧城有历史的沉淀，在规划设计时，要对城市过去、现在和将来进行考虑。

我不仅对深圳的旧城感兴趣，对别的城市也很关注。在近年往来中国的日子里，也拍摄了数千张相关的照片，是目前关注的焦点。

请您介绍一下您的城市规划设计理念。

横松：关于城市规划设计，我认为有三个基本点：

1．把握城市的历史发展过程，从中发现未来的发展方向，这才是真正的城市设计。

2．重视城市固有的历史、自然环境、社会环境的调查，避免一般性、普遍性的规划设计，因为每个城市都有自己独特的历史、自然条件和社会条件，对这种特殊性必须予以极大的重视。

3．在城市设计中，必须综合考虑建筑规划、土木设计、景观设计、市政供给排放等的规划，同时还要考虑城市未来的发展、成长、变化。

我在规划时，是基于"都市形成历史"的"都市规划"的新尝试。与现代功能主义的规划有本质的不同。

众所周知，现代主义的城市规划有两大特征：明显的"区域分割"和"国际化"。基于这种"区域分割"手法而规划和建设的近代城市，其"城市景观"就形成了"近代的风景"。20世纪80年代，日本很多设计师包括我在内，对城市规划和建筑设计的近代主义理念，包括处理手法，发生了疑问。正好长崎豪斯登堡这个项目出现，提供了一个表达我们新的想法的机会，这是一个契机。

横松先生在1987年～1992年参加日本长崎县佐世保市豪斯登堡规划，这是一个用地152hm²的城市规划、土木设计和施工管理工作，历时五年。

我们尝试采用新的规划手法，提出了一种超越"近代的"城市规划和"近代的城市环境建设"的新的规划方法。这就是"将城市的形成过程在空间上予以表现，其形成的过程就作为城市配置的基础"。简单说来，包括两点：第一，没有明显的功能分区，通过模仿城市的历史，几十年，几百年的的发展时间来规划；第二，豪斯登堡是个主题公园，整个街区都是采用的都是"荷式"的（荷兰），因为该地区早在18世纪～19世纪就是繁荣的商贸港口区，与荷兰有着300多年密切的经贸交往历史（事实上，当地有荷兰风格的旧建筑和少量其他风格的西式建筑）。所以，假设该项目的形成过程当然是以荷兰的城市形成过程为基础。为此，我们选择了一些与该地块地理条件类似的较为典型的荷兰城市，将这些城市的形成过程经综合整理，形成一个"城市形成史"，而以这个"城市形成史"作为我们的城市规划的框架。

在设计过程中假设了豪斯登堡从12世纪到20世纪分五个阶段发展的轨迹，包括生活的人、从事的职业、道路的宽度、建筑的形态和材质、地面的铺装，植载的配置，运河的发展、桥梁的发展、工业的发展、商业的兴衰等等，非常细致，很难发现这是一个十来年发展而成的新镇。

12世纪——首先，河流入海口的地方出现渔村，上游出现石头建造的住宅，沿着河流开始农业生产。

12～14世纪——渔村划分为内港和外港以及出现水产品交易市场。渔村的中心始出现教堂、地方政府管理机构（村委会），人们将郊外的低洼地带抽干开辟成草地用于林业和畜牧业。并且，为了防御敌人入侵，修建了城门和城墙。

14～17世纪——街道继续扩展，古老的城墙外出现新的城墙。在17世纪的黄金时代，港口的进一步扩大，出现东印度公司的仓库群和大型市场，城镇上贵族们的会馆和新的教会不断兴起。而且，女王陛下的Heusden宫殿也是建于这个时代。

19世纪——工业开始发达，运河被作为运输系统的一部分，港口进一步扩大，随着铁路的延伸出现了火车站。同时，城墙失去了原有的意义，城墙外逐渐有些民宅出现。宫殿也扩建了。

20世纪——郊外环境进一步改善，在旧有的街区码头周围修建了栈桥，水边出现了停车场。旧城改造开始了，人们在荒地进一步种植花草，进一步运用运河，与自然协调，不仅发展新的街巷，也改善原有的街区的空间，该片区出现比较舒适的居住空间。现在的豪斯登堡诞生了。

为这个项目，横松多次前往荷兰的城市进行调查做研究，做研究，分析历史、人的居住思想和行为模式，小到地面铺装、不同时期的植载等。下面我们浏览一下其中的亮点：

● 运河，水系和桥形成一个城市空间的骨骼，不同时期的运河宽度和深度、用途不同，建于其上的桥梁形态、结构、功能和材质也差异很大。其"运河"本身就包含有建设的动机以及功能。

● 被运河分割形成的"岛屿"之间由桥相连接，豪斯登堡共有24座桥梁，成为由运河发展起来的街区独特的景观。正像"城市形成史"所叙述的那样，整个街区是由中心部向外经过数个世纪发展起来的，因此所有的桥一座座都代表了其建造的年代，反映了历史。城市建设初期的12～13世纪，建造了简朴的木桥，到了城市初具雏形的15～16世纪出现了由烧制炼瓦建成的较坚固的桥，到了被称为黄金时代的17世纪，荷兰国内所没有，由外地运来的石材被用在一些关键部位。到了近代，铸铁开始生产出来，所以出现了跨度很大的桥梁。在豪斯登堡，根据"城市形成史"所配置的24座桥梁都赋予其历史的风貌。

我还有一个想介绍的项目是日本长崎港常盘·出岛地区规划。这是一个位于长崎市常盘·出岛地区的滨水填海区，占地14hm²，包括大型船码头、临港绿地、运河的规划和设计以及施工监理，从1991年到2000年近十年时间设计。和豪斯登堡的特点不一样，时间长主要是因为与当地居民的关系问题，一开始发展商与居民的关系比较僵，所以最开始作为设计方与当地政府、相关地方组织一起不断与当地社会和当地居民谈判，协调各方的利益，而研讨会和委员会不断将持反对意见的人引入，多方讨论，不断修改，最终达到各方利益的平衡，确保项目的实施。这是一个与当地居民不断沟通协调的过程，我认为这个过程实际上比结果更重要。因为长崎是个历史上的港口城市，长期与中国、西洋有繁盛的贸易来往，比日本其他城市的历史长些。当地居民对任何较多的修改的反对情绪会较大。

事实上，通过这两个位于相对历史较长的区域的项目，我们才逐渐切切实实地认识、感受到城市的历史对现在和将来发展的影响。所以我们对当地土地的特点，城市的特点，城市的历史的发展过程花了大量的时间来调查。在全盘调查的基础上，逐渐形成规划和设计的想法。

我5年前即2001年开始来中国大陆设计项目。作为一个外国设计师在中国承接设计工作，切实感受到中国是一个历史悠久的国家，文化底蕴深厚的民族，所以如何处理设计工作中，中国的背景环境（包括土地的特点，城市发展的历史）也是非常下功夫的地方。设计之前，尽量做很多工作，尽可能多把握一些当地地域环境和特色文化作的特色文化作为设计的基础。

请您介绍一下您的景观规划设计理念

横松：设计之初，要设法读出设计地块的"场地"的特点,从中导引出设计的框架构造。要重视该"场地"的历史文脉,从历史文脉中找寻设计之"源",避免"适用于任何场地的通用设计"。从这一点来说,我是反对现代主义(modernism)、国际主义(internationalism)的。

我参加了深圳市中心区CBD广场的设计竞赛,试图探讨深圳本土景观风格,尝试用一些本地自然环境元素来集中体现深圳的历史文脉。我对这个项目很感兴趣,虽然深圳只有二十几年的发展,但是深圳高速发展,也是该进行反思的时候了。

日本的园林设计,通常手法比较简练,常用"枯山水"来表达禅意,反应了一定的日本精神。而当今中国的造园手法很多样。在承接中国的设计中,如何反映中国精神?

横松:日本历史比中国短很多,其庭院实际上借鉴了中国的造园手法,还是属于"大中华文化圈"的东西。从更大的范畴看,包括日本、南亚、朝鲜等都受到中国古代思想的很大影响。可以追溯到唐代和宋代的禅宗,尤其是宋代的佛教对日本影响巨大。

日本的庭院设计是小尺度,不能放大,有一定的局限,适合在日式餐厅、公建的小庭院。设计首先应考虑当地生活的人的方方面面,应该结合当地的文化,功能。外国设计师和当地文化有一定的距离感,但也正因为这一点距离,从新的角度可能反而更能看清楚中国的文化,客观地理解中国传统的文化方面的一些东西。

景观规划大致分为五类,大型综合项目,社区,市政项目,主题公园和风景区,度假项目。您认为社区与其他设计的最主要区别在哪里?

横松:住区设计的最大不同,是其他四类可以追求一个单纯的东西,而住区是满足居民主要日常生活的地方,是里面的人开心生活的一个场所,必须以人为主,不仅景观设计要这么考虑,建筑设计等也要以此为主要指导思想。当然,说起来容易做起来难。现阶段,外来的设计风格在中国的项目非常多,不少楼盘借来外国的一些要素来装点,实际上日本也曾有这个阶段。我个人是比较反对这种强借来要素设计一个美式、欧式、西班牙式的楼盘,跟住宅设计最重要的东西没什么关系,对此持批判态度。

听闻横松先生专门开发了一个针对东亚国家的港口城市的历史发展和景观的研究工具,能否介绍一下。

横松:首先,为什么以东亚国家的港口城市为研究对

10. 日本长崎港常盘·出岛地区规划模型
11. 日本长崎港常盘·出岛地区实景照片:旧有的铁路充当现代的减速带

象,是因为这些地方是以中国为中心的历史文化底蕴深厚的地区。港口城市是外来文化进入一个国家的首要地方,西洋文化与本土文化融合与对立很激烈,会产生很多有趣的现象。目前的研究工作进行到认识论阶段,即认识和分析城市景观。第二步即通过分析要素,确认有哪些可以保留,哪些需要改造,指导下一步的设计。

研究工具认为,景观单元包含四个景观要素分析指标:粒Grain——基本要素,可以是建筑物、道路、桥梁等;结构Structure——区域的结构或者路网,焦点Core Element——在这个地块中典型的建筑或街道,有一定的精神代表作用;边界Edge——这个块与周围的明显区分,河流、铁路、宽阔的道路等。

通过分析要素,确认有哪些可以保留,哪些需要改造。我们可以以沙面为例:其中英式建筑就是其中的的粒Grain,大大小小的路网是结构Structure,最开始以为有个大教堂,后来发现只有一个小教堂,不知是否原有建筑物被拆掉,这是个精神场所就是焦点Core Element。而珠江就是边界Edge。

一个比较成功的景观设计是否一定四个要素都具备?

横松:研究工具只是一种分析方法,一个区域可能四个要素具备;可能很混乱,无要素;还可能边界与周围融合。

城中村的改造也面临这个问题,需要注意的是,城中村里有住宅、学校是粒,弯弯曲曲的小路,完全不规范的道路是结构,在这个块中典型的建筑和广场是焦点,现在大体量的建筑进去了,改造的过程中将粒融入了,逐渐消失了边界。

如果对其个区域进行改造,就要先理解这个区域,用科学的方法来量化分析这个区域,尽量保留其中的要素,如取消了一个焦点,就要创造另外一个焦点。不是大规模的更改,应从细节分析清楚后,确定保留哪些特有的充满活力的元素进行改造设计和规划。而现在中国完全不考虑结构,不仅修几条大马路对结构进行大改动,还修一些建筑,通过带小帽子等其他手法来弥补,这种手法很拙劣。

我选用横松先生在深圳中心区竞赛方案中的一段文字来结束此次采访:"城市面貌的趋同,城市记忆的消失,是全球化的。中国正在急剧地城市化,中国的城市建筑以'每三个月变一个样'地速度取得了令人瞩目地发展。在对'天天都有变化'的感慨与兴奋、沉浸和褒扬中,建筑文化的遗失所造成的阴影却如癌细胞般扩散!旧的记忆正在消亡,新的记忆会产生吗?对失忆城市的描绘必将充满思辨与痛心。相对其它城市,深圳记忆的兴奋点密集集中在近20年,即现在开始探索建立深圳本土景观风格,是及时也是必要的"。

12.深圳市大梅沙湖心岛规划平面图
13.深圳市中集R&D中心实景照片
14.深圳市中心区规划投标方案

设计元素的选择

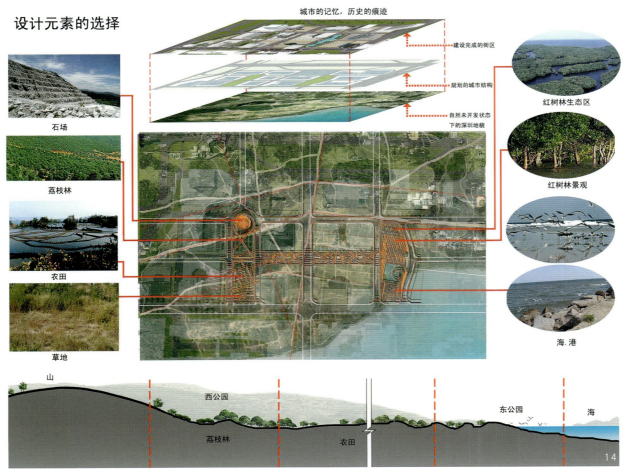

住区梦呓

美国洛杉矶艺术中心设计学院　王受之

西方城市讲究景观，"景观"在英语中叫"View"，每个城市都总有点View可以拿来讲。在美国，到波士顿、旧金山有海湾景观(Bay View)，到匹兹堡、芝加哥有河景(River View)和湖景(Lake View)，美国人嘲讽最没有自然景观的底特律只有"厂景"(Plant View)，说的时候，有点酸溜溜的感觉，虽然有过工业时代的辉煌，但到头来就是一堆废弃的厂房而已。

几年前我听到底特律人自嘲的这句话，想起中国今日的城市，也真有点感伤，将来的人讲我们所建造的城市，可能就仅仅是"楼盘景"了。二十多年来，我们拼命地建造住宅区，那种速度的迅猛、建造量的庞大，是人类历史从来没有过的。建筑之中，所谓"楼盘"的住宅区最多，大部分设计低劣、做工粗糙。广州市向南发展，要经过一条叫洛溪大桥的桥梁，过了桥，就是被称为"华南板块"的巨大住宅区。站在洛溪桥头上向南放眼望去，是广州的未来，全部是密密麻麻的住宅楼盘，所见的没有自然景观，没有树、没有草，即便在住宅小区前面搞点园林，也矫揉造作得惊人，全无自然感。那些楼盘的名称，不是"豪宅"就是"花园"，其实是把一些很低俗的住宅用艳俗的建筑符号和接近恶俗景观和艺术品包裹起来，制造无中生有的"新生活形态"。站在桥头，我倒抽口冷气：不知道我们的子孙会如何唾骂我们所做的这些城市永久性垃圾呢？

开放改革以来，中国经济发展迅速，多年保持8%以上的平均增长比率，这种高速增长使中国在短短的20多年中一跃而成为世界排名第六位的经济大国，国家经济生活面貌因此发生了天翻地覆的改变，这是有目共睹的。经济发展的各个门类，比如制造业、服务行业的发展相当惊人，而其中最令人侧目的，还是中国建筑业发展。从南到北，从东到西，全国可以说基本是一个大建筑工地。地无分南北东西，人无分民族，反正全国在建造，住宅、商业、公共建筑和基本设施的建设项目如雨后春笋一样不断涌现，高速公路、涵洞、桥梁、车站、码头、港口也与日俱增，这种城市建设的速度，全国城市化发展的速度，在中国是史无前例的，大约在全世界现代经济中也是绝无仅有。记得1999年我在上海开会，住在市中心的"新锦江酒店"，上海方面请我们在酒店顶层的旋转餐厅用餐，我看着上海四面八方拔地而起的那些高层建筑，相当吃惊，上海的东道主告诉我：上海在10多年内建造了2 000多栋高层建筑，我告诉他们：这个数字已经是世界之最了，因为无论是1873年后的芝加哥高层建筑热潮，还是19世纪末开始的纽约曼哈顿建造热潮，也没有在如此短的时间内建造那么多

1. 深圳中信红树湾项目实景

高层建筑。即便在经济曾经一度高速发展的日本、亚洲"四小龙"（韩国、台湾、香港、新加坡）和"新三小龙"（马来西亚、泰国和印度尼西亚），也从来没有过如此高速的摩天大楼建造速度和规模。

我在美国各地行走，是很少见到建筑工地，很少见到手脚架和塔式吊车的，因为美国的建筑高潮早已经过去了，开发早就进入一个很温和、很有节奏的成熟阶段，大部分人都已经有自己的住宅，建造业是一个适度发展的行业，而不是一个热点。而在中国则完全不同，整个国家就是一个大建筑工地，如果什么城市看不到工地、看不见手脚架和塔吊就有些古怪了。即便到拉萨、青海、甘肃的南部，那里的城镇中洋溢的也是一派兴旺的建筑热潮。在中国各种类型的建筑中，基本建设和住宅建设是最轰轰烈烈的，从20世纪80年代开始的住宅建造和发展高潮不仅迄今毫无减弱的样子，并且已经成为与电讯、汽车、教育并列的中国国内经济发展的四大主要支柱之一，在国民经济发展中扮演着越来越重要的角色。

中国的住宅开发，或者说房地产发展，早期是在市中心少数遗留的空地中开始的，也逐步开始设法把条件恶劣的旧宿舍区进行拆迁重新开发，建造市内的新住宅区，由于新住宅区建造在市内，与城市的原来系统密切结合，商业、学校、服务设施、公共设施、公共交通系统都完善，因此，虽然这些早期的住宅无论从规划、设计上都谈不上好，但是还是受欢迎的。但是由于市中心地带人口稠密，搬迁问题复杂，可以使用土地日益枯竭，而市内的地价日益增长，投资的比例自然急剧增高，因此，房地产开发很快就从市内向外转移了，除了少部分楼盘以见缝插针的方式依然在旧城市中间开发的之外，目前的大部分住宅区是在城市的周边地区开发的，从所谓的城市边缘，或者称为"城乡结合部"开发，逐步向更加外围的农村地区推进。这种城市的不断蔓延，是中国近20年住宅建造的很突出的一个特点，中间都出现了向周边蔓延发展的情况，城市尺度比20年前要大好多倍。大凡住宅开发到新区，公路网也沿伸到住宅区，上海的莘庄、广州的番禺、北京的望京、重庆的江北，这些新开发的住宅区，也基本开始与城市扩展的新地下铁路线连接，在这些住宅区中，逐步形成了新的城市的构造。

对于这个住宅建设的热潮，我个人有好几个很直觉的感受：

第一是欣喜。因为在长期缺乏个人居住空间的中国，随着城市的扩展，随着房地产开发热潮不断升温，越来越多中国人的居住和生活方式发生了本质的改变；而城市化的发展，也改变了中国数千年以来的农业为中心的经济和人口形态，这都是走向现代化的重要阶段。进入21世纪之后，中国人的居住水平也开始迈入"小康"水准，从统计来看，中国人的人均住房面积从1949年的4.5m²/人增长到

1999年的9.8m²/人，而沿海经济发达地区的水平更高，比如深圳的平均住房水准早在1998年就达到了14.4m²/人。中国的城市化比率已经达到30％，从全世界的城市化比率来看是大约40％，如果中国达到世界一般水平，也就是再增长一个10％，也就意味着还有1.3亿人要涌入城市。他们需要住房，按照1999年全国水平给这些新城市人口提供住房，也就是要再增加15亿m²的住宅，这种越来越大的需求，是牵引中国住宅建设、促进中国经济增长、提高经济的内部需求的主要动力。因此，在住宅发展的过程中，可以说结果是多赢的：中国人有了越来越宽敞、质量越来越好的住房，城市化的水平越来越高，市政建设也就随即而发展，房地产开发越来越旺，造就了一批新的企业家，而国家内需得到促进和刺激，国家税收增长，市民、开发商、建筑业、国内市场经济、国家税收、市政建设都得到直接的好处。住宅的兴建从根本上改变了中国城市的面貌，现在在中国大陆，无论走到那里，所见到的首先是建筑工地和吊车。

感觉之二是某种忧虑，对开发过快所造成的各种消极后果的忧虑，比如过度依赖汽车，城市无限度的蔓延造成对自然环境和农田的破坏，造成生态的不平衡，造成历史文脉的毁坏，继而导致传统城市的结构、传统生活方式的改变等等。虽然很多官员说我是典型的知识分子理想主义的忧虑，是杞人忧天，但是这种忧虑是有根据的，对于在高速经济增长中的住宅和城市飞速发展缺乏足够的规划、甚至缺乏足够的思考的忧虑，绝对不是空穴来风的不安。在商业利益的驱动之下，房地产成为一个经济的热点，房地产公司也就越来越多，中国现在据说有3万多个房地产公司，数量之大，也是世界之最的，商业住宅区的兴建好像波涛一样，接连不断，在全国各个城市，特别是大城市四处蔓延，数量之大，规模之大，令人咋舌。为了促进销售，住宅设计上不断推出各种所谓的"风格"作为噱头，"风格"接踵而至，令人目不暇接，明眼人看去，这些所谓的建筑"风格"绝大部分仅仅是商业推广手段，并非建筑文化的积累和沉淀，因此浮躁恶俗，而住宅建筑的数量如此庞大，建筑区排山倒海的营造规模，在很短的时间内就改变了中国城市的面貌，不分东西南北，全国住宅建筑一个模样，也就造成了全国的城市也一个模样。所以，很多城市是从经济低水平时期的简陋宿舍一下跳到商业性极强、形式极为浮躁的住宅小区阶段，其间并没有一个深思熟虑的成熟的发展过程。在急剧增速的营造高潮中，住宅所在地的自然资源、自然景观、树木和植被、湿地和丘陵等等，还有与历史人文有关的人文积淀，比如历史建筑、城市的历史街道布局、历史遗迹等等，遭到毁灭性的破坏，艳俗的商业风格取代了自然景观和历史文化，是一个相当触目惊心的现象。

2002年1月份，我因为开会而住在北京崇文门附近的一个酒店中，那酒店房间的窗朝南，下面正是一大片正在被拆除的旧城区，那是个典型的北京四合院群。记得是个晚上，很冷，刮着风，窗外是令人听了感到凄伤的风的呼啸声。那一大片清代的住宅区内的居民已经全部疏散了，只等推土机把它夷为平地。从窗中看去，那里黑沉沉的，那么大一片，完全没有居民，我心中突然感到很凄凉。穿上外套，穿过昏暗的街道，我走进那片空无一人的胡同中去，立即好像走回历史中去了一样。半掩半开的木门，在风中咿呀着响，风穿越院落，刮起尘土，在胡同和小庭院中乱撞。院落中那些叶已落尽的槐树、榆树、枣树的枝蔓在寒风中摇曳不定，枯枝指着昏黄的夜空。那些色彩斑驳的旧门楣，那些精致的砖刻影壁，那些破旧的石鼓门槛……，岁月在这里积淀了起码三百年，但却会在几小时之内毁于推土机的铁铲之下。我在那些空旷的街道上毫无目的地漫步，只听见冷冽的北风呼啸和自己的脚步声，街角一盏路灯还没有熄灭，那是一个没灯罩的裸露的灯泡，在寒风中摇晃，拖带出街头、破旧房舍和杂物的朦胧不清的摇曳影子，一个现代废城，一个等着被抹杀的历史陈迹，那是一种令人肝肠寸断的感觉，好像走在庞贝废墟，而知道这个废墟明天就要拆毁来建造现代公寓一样的不可思议。而这种推翻、抹杀、毁灭历史沉淀的工作，其实在各地的城市中都在不断地、每日每时发生。

2002年初我在北京与一个出版社讨论我的新书出版事宜，住在南小街口上的国际饭店，因为喜欢旧时北京传统的用瓷瓶装的酸奶，晚上冒着冬天的寒风跑到小街上的一个小店去买了好几瓶，感觉特别好。10月份我又到北京开会，再到这个饭店住，想去买酸奶，走出西大门，突然发现那条小街不见了，所有街上的旧建筑全部被拆光了，整条街开阔了，并且建起一大堆简陋加丑陋的住宅楼。7层的公寓住宅没有电梯，可以说是现代贫民窟。这种情况如果说在30年前，可以理解，但是却发生在21世纪的北京，并且是建立在北京中心最敏感的地位上，就匪夷所思了。看见那一排排简陋的住宅，我真想问建造人：你们知道自己在干什么吗？那种惊人的拆建速度，那样不容讨论、不容考虑，那种极为粗暴而简单地对待北京旧城的遗留部分，实在有些叫我瞠目结舌。好像是英国的《经济学人》杂志有过一篇文章，说如果威尼斯要拆除一栋16世纪的房子，全世界都会震怒，而中国人却大张旗鼓的把一个15世纪的北京城拆了，试问世界应该如何反应？看了那篇文章之后很沮丧，但又有一种无名的悲哀，有一种无可奈何的忧愁。我们能够怎么样呢？

在大规模拆建的过程中，也有一些重要的古建筑被保留下来，但那种保留，是割断城市传统结构的。那些古建筑孤独地屹立在那里，传统的城市却完全消失了，结果是那些古迹倒好像是后来加上去的装饰，那些形式丑陋的、所谓"欧陆风格"的住宅区却成了城市的主题了。这种情况在整个远东地区都有不同程度的发生，我在汉城看见那个被车水马龙的通衢大道包围的东大门，或者台北孤立在交通喧闹中的古北门，这种感觉就特别强烈。

开发和保护，历史与现代，在一些人看来是矛盾的，其实，西方国家经历了200年的发展，方才得到一个共识：它们是协调的，矛盾性仅仅是我们认识的问题。开发不是一定要建立在对传统和历史的破坏上，而没有传统的现代，是浮躁的，非真实的现代。这个问题，在国内也有好多学者不断呼吁，不断提倡，但是几乎没有任何影响作用。记得早几年北京要开拓所谓缓解交通问题的"平安大道"，多少学者联名上书，请求改规划，请求再考虑，请求缓建，结果也还是推土机解决问题，多少古建筑消失在飞扬的尘土中，造成了一条索然无味、交通依然阻塞的新街。

我的第三个感觉，则是这个建设热潮中缺乏对城市未来形态的长远规划。对于我们的城市将是什么样的，它的形态、生活方式和内容、经济内容和发展方向，环境和历史的保护水平等等，大部分城市只有一个宏伟的扩建目标，或者在市中心扩建一些绿化地的规划，并没有考虑城市发展的未来形态。由于城市没有这样的具有前瞻性的规划方案，因此住宅的建造也就变成了很具体的占地、集资性运作，很难有政府宏观战略与住宅开发战术的密切配合。中国住宅建筑已经是城市建造的一个重要的组成部分，而市政规划还是处于消极的控制，或者按照市政规划填空的批准项目水平，并没有把城市发展的形态与住宅开发有机结合，作出战略性的、具有前瞻性的新的城市发展纲要。也就是规划和城市发展上的滞后。

规划是政府实施控制职能的事情，而住宅开发则是市场的事情，其间的关系是很消极的发展和对发展的行政控制，而对于由于住宅发展必然会影响到城市的形态和经济生活、文化生活、城市形象的问题，在这个关系中是得不到体现和没有解决的机制的。就城市发展的战略来说，这里存在着一个很突出的认识问题，就是建筑发展、住宅区发展的阶段性关系和城市化的发展阶段性之间的关系。什么是发达国家经历过的住宅开发阶段，什么是发达国家经历过的城市发展阶段，什么是发达国家城市、住宅区开发中出现过的、或者依然存在的问题，我们如何在自己的开发和发展中有意识地避免重蹈覆辙，并没有得到过认真的、甚至是一般性的了解和讨论。

城市发展的阶段性是很显而易见的，无论在哪个发达国家中，城市的扩展或者叫城市的蔓延，总是从里到外，而在美国这样高度成熟的经济大国中，开发更经历了从里到外，又从外到里的过程，从都市化，到郊区化，再从郊区化回复到"新都市主义化"，是一个否定之否定的螺旋发展过程。城市的住宅发展，首先是从市中心开始的，在市中心见缝插针建造住宅，特别是公寓型的集合住宅，由于工作在市内，商业也在市内，住宅也在市内，城市内部就成为一个日益拥挤的中心，这个过程在所有工业化国家的早期都经历过，叫"都市化"（Urbanization）过程，往市内发展的倾向就"都市主义"（Urbanism）；在都市化成熟之后，市内人口拥挤，中心土地缺乏，生活品质下降，治安条件不佳，中产阶级居民开始迁移中心，房地产开发也因此朝郊区扩散，中心城市的发展就开始朝四周蔓延、向郊区扩展，建造了许多位于城乡结合部位，位于郊区的住宅区，之后再向外扩展，占用周边的农田，因为市场需求大，土地廉价，因此这些在城市外缘的住宅区规模也越来越大，整个过程是一个摆脱中心城市束缚的经历，是一个从市中心向郊区的发展过程，在英语中叫"郊区化"（Suburbanism），或者"非都市化"（De-Urbanization），提倡放弃中心城市而向城郊发展的理论就叫"非都市主义"（De-Urbanism），或者叫"郊区主义"（Suburbanism）。

因为这些远离城市中心的住宅区中的居民必须开车到市中心工作，回到这里仅仅是睡觉，因此美国人把这类型的住宅开发区称为"卧室社区"（Bedroom Community）。卧室社区在全美国各个大城市的周边建造得越来越多，成为美国战后住宅发展的一个很突出的现象。这些住宅区的规划和设计都是从独立性原则来考虑的，普遍都有社区大门、甚至还有岗哨值班，因为远离市中心，所以住宅区中不得不建造了原来是由城市所承担的一些功能设施，比如商业区、娱乐区、运动设施和教育设施，逐步也就变成一些"小社会"了。靠近城市的土地在高速开发中日益耗竭，开发就日益向更远的农村、更远的自然蔓延开去，这些带社区大门的住宅区也越来越远了，原来居住在城市中

2. 河南省郑东新区总体规划示意图（黑川纪章设计）
3. 河南省郑东新区规划模型鸟瞰图（黑川纪章设计）

心的中产阶级居民也就随着这些郊区住宅新区的兴建而迁移出去，由于他们的大量迁移，因此一些企业也随即迁移到郊区，以便职工就近工作，结果是中心城市人口流失，城市税收资源流失，最后是城市的骨干经济活动流失。外部的这些新住宅区中，逐步出现了以企业办公室大楼为中心的所谓"办公室园区"（Office Park），越来越多的企业把自己的总部和公司运作部门放到这些办公室园区中去，市中心就越来越真空化了。由于居民人口在新开发区中众多，因此有产生了为他们服务的零售中心，特别是英语中叫"Shopping Mall"的大型购物中心这种新形式的零售、娱乐中心，取代了原来市中心的零售街形态。这是一种新型的城市形态，以住宅、工作、零售为功能结构的新住宅区，不再是50、60年代的"卧室社区"，或者叫"边缘城"（Edge City），而是兼具有工作结构、商业结构和居住结构的、与中心城市有密切的系统关系的"区域城"（Reginal City）。

我的这三方面的感受对我是一个挑战，希望中国的城市发展、住宅建造的发展能够避免西方国家走过的一些弯路，是一种很强烈的义务感，一种责任压力，因此也开始有设想要把城市形态和发展理论的这个部分的内容总结起来的欲望和打算。

2002年岁末，我当时正好去北京出席出版我的设计理论丛书的中国青年出版社举办的一个读者会，与读者见面。在广州机场等飞机的时候接到电话，深圳的万科集团的董事长王石和河南的建业的总裁胡葆森约我抽个时间在北京见个面，他们正好在北京开一个房地产方面的国际研讨会。那天北京下雪，并且连续下了好几天了。北京这些年少雪加暖冬，冬天不太像北京，而那天的雪却下的很大，天是铅灰色的，地上积雪不多，也还不冷，但是大雪飘扬的感觉却十分好，就像我童年在北京见到的冬天一下又回来了一样。在东四十二条的胡同里走出来，雪在鞋下咯吱咯吱地响，那种冬天的感觉是已经很久都没有得了。我们在北京的国际贸易中心高层的会所中见面，从会所的大窗看出去，整个北京笼罩在一片灰色的雪霾中，混沌朦胧，人车缓慢爬行，整个城市的节奏一下就慢下来了。而会所的室内却温暖如春，木头的墙面、深色的木地板，营造了一个很温馨的室内气氛。我们在那里喝茶，聊了好长的时间，他们给我介绍了他们的行业协会"中城房网"的宗旨和住宅开发的情况，我也大约简单地讲了自己对于美国建筑最近发展一些情况。我是从事设计理论研究工作的，他们两位是国内很有影响的住宅开发的企业家，谈话的题目自然与住宅、建筑、社区、城市发展形态分不开。那一次是后来一系列交谈的开始。也是我开始着手中国住宅发展、城市扩展的形态方面研究的一个开端。王石在谈话中要我抽个时间去郑州看看，原因是日本名建筑家黑川纪章最近在那里设计了一个新区，他感到有些不妥，希望我去看看，如果可能，也见见负责的政府领导。

几天之后，我去了郑州，胡葆森先生很热情地接待我，给我介绍了他们公司开发的情况，第二天，我分别会见了市规划局、市政府的领导和主持整个工作的市委书记李克先生。主要的议题是黑川纪章设计的"郑东新区"。在规划局，负责人给我看了整个项目的电脑动画，并且详细地介绍了项目的细节，市委书记在百忙中又抽了三个钟头在他的办公室和我交谈，之后在晚饭宴请的时候又再就这个项目和相关的问题讨论了两个多钟头，这些介绍和交谈，使我对"郑东新区"和黑川纪章的设计有更加深入的了解。这个项目的设计所带来的思考，其实是刺激我动手写这个专栏的一个很主要的诱因。

4. 河南省郑东新区规划夜景效果图（黑川纪章设计）
5. 河南省郑东新区澳颗玛国际物流园区

黑川纪章是日本现代建筑中很有影响地位的一个大师级人物。如果以丹下健三为元老的话，第二代日本现代建筑师主要是四个人：矶崎新（Arata Isozaki）、积文彦（Fumihiko Make）、绦原一男（Kazuo Shinohara）和黑川纪章（Kisho Kurokwawa），之后的众多第三代、第四代和现在的第五代都在不同程度上受他们的影响。黑川毕业于东京大学建筑系，是丹下的学生，他的主要贡献是企图从日本民族传统建筑的角度来修正、进化现代主义、国际主义风格建筑，在日本曾经被称为"异端者"。他提倡日本传统美学特有的"佗"（Wabi）、"寂"（Sabi）、"涉"（Suki），推崇利休灰这种传统日本的灰色，讲究建筑中的模糊性，20世纪60年代日本"新陈代谢派"的主要代表人物包括黑川、菊竹清训、川添登、大高正人、积文彦，所谓"新陈代谢派"，其实是日本后现代主义的一种提法，提倡融合各国、各个历史时期建筑的精华，再通过设计师自己的提炼，在这个基础上，黑川又在1979年提出了共生的看法，进一步完善的自己理论体系。他的作品相当多，也很有自己的哲理性，但是设计的建筑一般都很隔膜，很冷冽，很不亲和。

黑川在郑州的设计是相当巨大的一个项目，几乎把现在的郑州市区面积扩大1/4，形成一个与目前市区关系不大的新市区，就是"郑东新区"。黑川的设计是在竞标中从七八家国际杰出的设计公司的设计中获胜的，评委也相当国际化。从我在规划局所见到的各个参加投标的设计中看，他的设计的确最有吸引力，也很有创意性。近年来有不少世界一流的建筑大师在中国参与规划设计，比如我就曾经在上海看过英国建筑家理查·罗杰斯（Richard Rogers）设计的新浦东中心高层建筑区方案（未采用），也见过黑川设计的在广东的一个岛的规划方案，这几个方案都没有郑州扩建的这个方案成熟。黑川本人近年参加过几个比较大的城市规划方案的设计，其中引起设计界注意的是两个大的规划方案，一个是没有最后建造完成的吉隆坡高科技中心（只完成了吉隆坡国际机场），另一个好像是哈萨克斯坦共和国计划中迁都的新首都规划，这个规划也还没有实施。郑州东区的这个规划的核心是引黄河水加以澄清，从而建造了一个巨大的人工湖，以两个圆形的围合形式形成新区的两个企业和商业中心，由高层建筑呈圆形围合组成；在两个圆形的企业中心之间，用运河形式连带起来，运河——湖泊沿岸是住宅区，从电脑显示上看去，轻波荡漾，绿树成荫，建筑巍峨，器宇轩昂，不仅中国目前未有，在世界也罕见。我之所以比较小心评价这个项目，是因为这个项目在河南省，在郑州市，这个地方历史上就比较缺水，有黄土风化的问题，盐碱地也是个大问题，治沙治碱始终是这里工作的一个重点，在这样的一个不甚理想的基地上完全以人工方式建造绿洲和高层建筑群，需要勇气，也需要周密的规划和设计，设计师对本地的方方面面问题也应该有很认真的考虑。

我当时在看这个方案的时候，虽然为黑川的气势和设计上独到的思考感动，但我同时也有几个很职业的关切，主要考虑到的要点有四方面：

第一方面，这个面积超过原城市1/4的巨大新区与旧城市之间的关系是如何处理的。据说郑州原来并没有什么有历史保存价值的市区和建筑，在1949年解放的时候，郑州人口不过20万左右，无非是京广铁路、陇海铁路交叉的一个大火车站，所以没有什么具有价值的旧城区结构，城市布局受两条大铁路系统的分割，很简单，因此在新区的设计上就基本没有考虑的文脉联系的问题。

第二方面，与郑州的公共交通连接系统问题；在这个

6. 深圳万科城入口实景
7. 深圳星河国际夜景

问题上我对于控制小汽车发展、建立与旧市区广泛和紧密联系的大规模公共交通运输系统的想法显然与一些领导比较倾向于高速公路、发展私人汽车的思想有出入，因此没有能够再深入探讨如何在新开发区建立具有21世纪发展意识的交通系统的问题。

第三方面，是这个人工湖和运河中的黄河河水澄清、泥沙沉淀的问题。对方告诉我，经过引黄河水进入沉淀处理，是不存在问题的，并且目前已经启动的南水北调工程正在这个新区边缘经过，是可以引南水入湖的，至于澄清泥沙的费用等问题，还处在初级考虑中，没有完善的答案。

第四方面，建筑的宏大性和亲和性之间的矛盾处理。这里设计的建筑都很宏大，高层建筑相当多，而住宅与商业区的尺度也相当理想化，如此宏大的尺寸，必然造成很隔膜的感觉，很难聚集人气，如果不在设计层面上注意这个问题，一旦建造完成，会出现冷冷清清、缺租户不聚人的情况。在开会的时候我特别提出这个问题，答复是黑川已经把商业街道采用了低层处理的方法，来增加它的吸引力和亲和力。当然，我并没有时间去深化这些问题，但是这些思考却正是我从研究美国等发达国家城市发展中出现的许多问题中积聚起来的，我自然是期望这个项目取得预期的成功，但对我自己思考的这几个问题，却并没有找到很满意的答案，这次的访问，也就自然进一步促使我开始构思这本专栏。

我在郑州之后又到深圳，在万科公司给总部干部讲了两次课，主要讲建筑发展的历程，同时也介绍了美国住宅业和城市发展的轨迹，在讲话中对国内的一些问题也提出比较尖锐的意见。之后我又再应邀访问了四川和重庆，与成都房地产业很有影响的银都集团的负责人黄胜全、毕军，重庆最大的两家房地产开发集团龙湖公司的负责人蔡奎和协信公司的负责人吴旭会面，参观了他们的住宅与商业开发项目，也有很多的时间交流看法。在我与这些中国房地产业具有很大影响力的开发商那些交谈中，主要的题目还是城市的形态和住宅开发的方向，我始终把住宅开发和城市发展联系起来看，大约也是一个职业的习惯。在讨论的各种议题上，有几个方面是相当重要的，比如中国人的生活形态，居住形态，住房发展方向，城市发展的方向，其中比较涉及到运作层面的议题是建筑形态。我知道住宅发展商对于建筑形态都比较敏感，建筑形态，或者用他们的话来说是"立面户型"在一定程度上影响销售，在那些交谈中，我发现在经过好几年的发展之后，这些开发商对于在国内曾经肆虐的所谓"欧陆风格"都有明确的否定倾向，在住宅建筑上主张采用比较简约而中性的现代主义风格，而配以具有某些倾向公共建筑为亮点，我认为在建筑上的这种认同，这种发展趋向，其实是逐步向国际水平接轨的一个模式。

在我们的谈话中，特别是与王石的交谈中，其实已经触及一些很敏感的话题了，特别是住宅区、社区与城市的关系。房地产开发在中国是刮着"大风"，越大越"牛"，其实住宅区的尺寸是有限度的，如果超过某个临界线，就超出了一般住宅区的水平，成为市镇了。而住宅区与市镇的要求是不同的，不仅仅是尺寸问题，公共设施配套、市政管理系统的建立，在美国还包括立法机关的构建，执法机关的建立，市区管理法令的颁布与实施，与中心城市的硬件体系、管理体系、法令体系的衔接和配合，并不是说我们造多大住宅区，都还是住宅而已。王石认为如果房地产开发面积超过了2 500亩到3 000亩，已经不是简单的住宅区，而是一个城镇了。其实在美国，一个社区人

8. 东莞金地格林小镇项目实景

口达到2 500人，就是一个行政单位，是一个市，本身就有立法权，而我们国家的房地产开发尺度，超过3 000人的社区比比皆是。据说在西北一个城市，有个正在规划的房地产开发项目面积达到9 000亩，无论从面积还是从将容纳的人口来讲，俨然是个中等城市了。我在美国多年，也从来没有见过如此之大的单一开发住宅区，因此，我们的房地产开发商其实是参与了中国城市的建造，他们促进了中国城市化的发展，并且把中国城市发展的进程从市中心公寓区推进到第二发展阶段，也就是"卧室社区"阶段。虽然我并不太清楚他们是否有这种发展阶段性的认同，但是他们在自己的行动中已经意识到自己的工作早已不仅仅是一个利润追索的努力，同时也是一种新生活形态的建造，以及城市形态的构造。

我在与这些参与中国城市建造的大房地产开发商的交流过程中，大略讲解了西方住宅发展与城市发展的四个阶段，特别提到的是"区域城"和"新都市主义"两个阶段。我曾经在1999年的著作《世界现代建筑史》[1] 中初步提及新都市主义，而在2000年出版的《商业住宅区的规划与设计——新都市主义论》[2] 中再次比较详细地介绍了新都市主义的基本内容。那本著作估计是国内最早明确提出新都市主义这个观念的著作，2002年已经出版了第二版，但是对四个阶段的发展，我还没有来得及完整地阐述。当我这次在重庆、河南、深圳的几个大房地产开发公司讲课的时候，我直言提出：无论从规模来讲，还是从人口角度来讲，他们是在建造城市，在推进城市的扩张，因此也在建造21世纪中国人的城市生活新形态。我是完全没有制造耸人听闻的言论的意图，的确是在讲实话。是希望开发商注意到发展的阶段性，首先是不要企图飞跃，不要企图跨越阶段，同时也要注意到西方发达国家在这些阶段中所出现的问题，作为教训，并刻意避免，以使中国的城市发展能够进入一个比较稳妥的发展期，形态上能够与国际接轨，同时能够具有地方特色，具有自然与人文双重的发扬。对于未来城市的形态，我一向主张在民族文化中找寻新的发展点，而不是盲目追随西方的形式符号。民族的才是真国际的。日本战后出现的好些建筑大师，比如丹下健三，就是把勒·柯布西耶的现代主义与日本传统建筑的精神结合的杰出代表。正因如此，日本的现代建筑没有走大部分拉丁美洲国家那种完全遵循西方发展起来的现代风格道路，而走出了具有民族特色的现代主义。

我们处在一个造城的时代，也处在一个拆毁旧城市的时代，在许多西方国家，新城与旧城不是重叠的，而是并存的，巴黎就是一个很典型的例子。不知道为什么我们要如此匆忙的拆毁旧城，以轻率、粗糙的态度来建造所谓的楼盘呢？土地是有限的，可以开发使用为城市土地和周边原来是农田的土地也是有限的，把有限的资源耗竭了，将来是否需要再推翻重来呢？既然如此，何必当初！

不要让我们未来的城市成为一个恶梦，不要让我们未来的城市成为千古的唾骂。我们的住区应该有更多的思考，更多沉稳的规划，更多对于传统和文化的考虑。我们的这本《住区》杂志其实所期望的，也就是在这些方面建造一个新的讨论平台。

注释
1. 王受之著. 世界现代建筑史. 北京：中国建筑工业出版社，1999
2. 王受之著. 商业住宅区的规划与设计——新都市主义论. 北京：中国建筑工业出版社，2000

栏目名称：
海外视野
栏目主持人：范肃宁
清华大学建筑学硕士、北京市建筑设计研究院建筑师
栏目定位：
终日而思，不如须臾之所学。尝跂而望，不如登高之博见。海外视野栏目正是以此为出发点，介绍分析国外设计师的思想和作品实例。

栏目设置包括设计理念和作品实例两部分。其中既有国外大型事务所的经典之作，也有先锋建筑师前卫的建筑观；既有商业型建筑事务所的产业化运作道路，也有研究型学者的个人实验。

也许在阅读他们的建筑思想和看法时，我们平时所遇到的困惑就由此解开了，在聆听他们诉说丰富多彩的建筑人生和故事时，我们也受到了勉励，整理了自己的创作思路。

用建筑诠释科学
——Weichlbauer/Ortis的作品及思想解答

北京市建筑设计研究院　范肃宁
武汉科技大学城规学院　李　洁

"艺术作品就是对思想体验的表达或者说就是思想体验的外在表现，是对现实实体的再创造。"
Theo van Doesburg 凡·杜斯伯格
（引自《新造型主义艺术原则》一书，1968年版）

建筑与形式

早在20世纪20年代初，荷兰建筑师Theo van Doesburg就提出了"艺术实体（Art concret）"的概念。这种说法指出艺术活动仅仅代表它本身，并没有任何的象征意义，而且也不是对自然的模仿。艺术活动是基于真实存在的基本要素的实体之上的，这些基本要素就是处于最原始形态的线条、体块和色彩。只要赋予这些要素以形状，便必然会诞生一件艺术品，而且它极度纯粹，摆脱了所有的联想、关联和自我膨胀。因为脱离了所有的现实具体的特性，一个"全新的实体"必然被创造出来，而这只能是艺术作品。新的几何形体和新的雕塑般的形式主义则决定着这种美学标准，这种美学标准刻意摆脱所有的文脉背景关系。

十年后，"艺术实体"这一概念被瑞士艺术家马克思·比尔（Max Bill）借用，一般来称谓现代艺术作品中存在的将原本用于空间的色彩和造型移植到平面中的趋势，这种趋势是自发的、客观的，完全基于理性观念基础上的。什么是造型艺术的决定因素，进而什么是建筑艺术的决定因素，其答案都隐藏在这一定义之中。

建筑的表现手法

现代主义的观点以及它对艺术、对事物和主体的观念都与原来流行的理念完全不同。彼得·埃森曼（Peter Eisenman）也同样写道："现代艺术"是一种意识形态，它"也可以被认为是对人文主义和人类本位说的批判，而这种以人类为中心的学说和观念长久以来在所有具有一定影响力的人类社会中都占据着统治作用"。从这个意义上看，对于埃森曼来说，勒·柯布西耶则是最"图示化和最抽象化的"，因此他也是最具现代思想的建筑师，是最终成为他"个人符号"的柯布西耶式建筑、"表达建筑的建筑"的缔造者。这其中一个最具特性化的特点便是轴测建筑表现法——它通过物体的比例产生距离感，使人们用看待机器的眼光来审视建筑，因为他认为人们用轴测图表现机器零件的手法已经相当纯熟，因此可以直接借用其方式方法乃至风格。

对勒·柯布西耶、杜斯伯格以及埃森曼而言，表现方法是理解建筑不可或缺的手段，而这也从来没有忽略对美学和形式表现力的考虑。埃森曼这样形容他用图纸表达的实践活动："这是表现法的开端，或者是向另一种现实的转变：一种比这种实践活动本身更深奥的现实，是一种极为特殊、随心所欲的现实，一种更为广阔、无边无际的现实"。埃森曼渴望"新奇"但是又希望与实体保持一定的距离。既是创造者，又永远是一个旁观者，因此能够保持独立和清醒。埃森曼认为这一关于"主体-客体"关系的理念直接出自他本人,他声称"这种对客体世界的全新理解为揭示同样全新世界中存在的全新形式提供了可能。"按照他的观点,这些表现方法的改变使我们断定曾经有过"人与物体关系的改变"。在杜斯伯格和埃森曼之间,一种建筑产品的决定性转变发生了,而且随着计算机技术的出现,这种转变不仅是思想观念的转变,更大程度上是实践活动的转变。计算机这一工具通过延伸表现方法的可能性,使得主体(即设计者)从设计阶段开始便与客观实体相隔更远的距离。而据Marcos Novak并不为人知的论断所言,自从15世纪以来,绘画表现法的科学性就是其最精华的本质,而这一点在建筑学中也同样重要,尤其是数学方面更加显著。造型研究原则的确立已经完全移交给了计算机。这类建筑学的创建者虽然创建了这一体系的参数,但他已经退出了主体地位,而处于旁观者的位置上。实际上,新的形式就是这样被创造出来的,尽管新形式的实现曾经是完全不可能的,即使是现在也不是完全可能。创造者"缺席"的可能性无论如何都是非常重要的,这与现代主义看待事物的新观点也是完全相符的。

Weichlbauer/Ortis的作品

乍看上去,Weichlbauer/Ortis的作品与计算机生成的模型并不相同,但仍然保留了一些奇异的、模拟的东西。全黑的"Wohnirritation"公寓或明黄色体量的"DNA住宅",尤其是颜色和单纯的方盒子体形则表现了这一点。一种刻意的简朴和与客观事物的距离感从这两栋建筑中流露出来。简单的几何形式以及对元素、尺度、可识别符号的趣味性处理,均一同脱离了周围的环境空间,赫然矗立其间。这些建筑物是有形的抽象化和符号化,成为"叙述建筑的建筑"。Weichlbauer/Ortis直接遵循了杜斯伯格的理论,并采纳了埃森曼所形容的现代主义建筑的理念。对他们来说,建筑"是艺术而不是房屋":它完全是一种与形式有关的物体,没有任何文脉背景关联,没有原型,也没有象征。"建筑师谈论的适应环境或对空间的理解,都只是托辞和借口。最终,建筑将会是一成不变的冷酷形式。因此我们想办法解决这一问题。"对他们而言,计算机只不过是对付形式或者说探索形式的一种新方式而已。然而,Weichlbauer/Ortis作品中所表现出的形式主义,永远不会成为争论的话题。正如埃森曼所认为的那样,这并不是一个"形式符号化"或者"功能非主角化"的问题,而是对通往"新实体"的知识的整合。但这决不意味着在这种现实状况中,最终的效果就对美学要素有特别的依赖性。

此外,Weichlbauer/Ortis的创作实践也非常注重实用性:影响建筑并起决定作用的因素恰恰是诸如功能、空间、可行性等。对他们而言,柏拉图的精辟论断——即"建筑的建造应当反映人类掌握的有关建筑的最新知识"——已经成为他们所有创作手法的指导性原则,而这些方法则堪称具有与生俱来的科学性。于是,他们随心所欲地运用各种科学技术知识。对空间对建筑体验的感知在这里没有充当任何角色。作为建筑师、艺术家和创造者,他们毫不关注事物创作的来源,正如他们自己说的那样,他们只是系统的旁观者和其中的要素,在这个系统中,他们自己决策,建立规则,但是相对于他们的将会产生影响力来说,他们更注重他们提出的理念。他们从不依赖计算机来做设计,而是将其结合到设计的各个阶段。虽然他们公开宣称是后现代主义建筑师,不断改革已知的要素,但是他们却属于新的现实。

Weichlbauer/Ortis引用的科学理论

作为建筑师,也许并不需要了解过于前沿和深邃的科学命题与哲学理论。但是Weichlbauer/Ortis却常常从其中获得自己的建筑理念和设计灵感。尝试用自己的建筑来诠释深奥的科学理论,也许这两者之间并不存在直接的联系,但是他们的做法则为我们展示了一条新的建筑途径。如实验物理学家Anton Zeilinger的量子物理学理论——"根据量子物理学理论,我们的逻辑思维无疑是真实的,只不过是我们看到的物体表象不再真实。今天和昨天一样,本体依然存在,但它已不再完全独立于我们";如他们对相对论和量子理论的看法——相对论形成了所有我们关于空间、时间和重力的观点。也就是说,这些观点与那些对于所有直接的感官来说太遥远太庞大的所有实体有关。

量子理论就其本身而言，成为所有关于原子、物质和能量基本单元的描述模型。也就是说，相反的，实体对于所有直接的感官来说，都过于微小和短暂了。

在他们的作品中，可以看出他们试图去发现一种达到科学水平的定位关系。他们对直线性、因果性、稳定性和预测性的描述受到了来自混沌和突变理论和对复杂性与人工智能、数学和逻辑学的研究成果的挑战。现阶段哲学、知识理论、媒体艺术、计算机科学、软件设计、工程技法等各学科之间存在广泛的交流和边缘领域的互相渗透。数学家研究生物学，物理学家开始研究神经生理学问题，神经生理学家钻研数学问题等等，他们共用的工具就是计算机，模糊混沌学研究者也使用计算机来演算公式。领域和范围的出现了设定，变强变弱，但是始终彼此关联着。他们认为他们使用计算机来做设计是与建筑学的发展相适应的，并毫不顾忌地借用媒体手段来打破通常思维极端保守的循环，也因此寻找到创造力延展的新的可能性。实验的方法帮助"从理智上划清界线"，而且因此找到与已有想法完全不同的解决方法。计算机在习惯性思维和看法面前，充当了"建筑设计的发电机"的作用。

对他们来说，对法则形式的研究比从其而来的最终形式更为重要。关于这一点的一个实例就是他们的"随机生成的数据程序"，该程序可通过在不同的项目中运用不同尺度量级的科学符号、恒量和公式（诸如：重力常数，逻辑方程，质子堆等等），来进行调整。

他们使用的是Charles Jencks所说的"后现代创造力，即一种在全方位统一体中连接过去、现在和未来的双重译码创造力"。

对矛盾性与复杂性的偏爱

通常，建筑环境场往往平庸地将后现代性看成是一种文化环境。在当今的思维意识水平下，weichlbauer/ortis是奥地利屈指可数的几位规划师中的一员，他们试图将后现代主义的矛盾原则作为一种生活模式和实践方法纳入到创作实践中去。

他们致力研究所有关于数据处理、科学与建筑的（实际上是）无序、繁杂、混乱的学说、逻辑和理论。然而，他们却有意识地避免走向两个极端：其中一个极端就是以传统的现代主义方式来使用这些手段和方法，从而产生"创新的"形式或新的"风格"；而另一个极端则是在形式的探索发现过程中完全排除主观的和直觉的决定因素。

weichlbauer/ortis工作室沿着两条轨迹进行发展，他们二位一个人经营着他们的合约公司，而另一个则在一所建筑大学任教，并将二者的实力在现实中结合起来，从而为产生概念性极强的建筑"提供了"可能性。根据他们的理解，"不规则形确定空间"的说法不但没有对探索"不规则碎片形"的创意空间产生真正的推动力，而且恰恰相反，这反而对新形势的诞生、对众多影响因素和现实条件的洞察与协调造成了限制和阻碍。

他们的目的就是要从根本上淡化主观性的个人偏爱和内在的情感体系对设计决策的影响和干扰，并让他们自己的解释和理念涉入到机械式引发的创作过程中，因此他们根据其理念在不同项目中的贯彻程度——从艺术馆设计到低造价房地产项目——将计算机生成的数据、用地总平面图以及根据现实条件的要求而形成的纯实用的建筑体量排布图（在其他环境中已经形成的规范化格局）层层重叠起来，坚持一种宣称是有选择性的直觉主义风格。

建筑单元被微分成最少的几个具有可能性的组成部份，然后再使用这些并不因为"功能要求"而进行变化的独立要素进行创作——而这种方法则模糊了功能主义和形式主义之间清晰的界限。

一个房地产项目可能包括很多栋住宅，就好像儿童画中所描绘的那样，每栋住宅都是斜坡式的屋顶，波纹状的板瓦形成工业化装配式的阵列，受条件限制的室内环境也形成多元化的丰富格局；坐便器也许被用作洗脸盆，一种普通电开关也许会遍布整栋房屋，如此之类。

weichlbauer/ortis既没有怀旧情结，而且对未来主义风格也不感兴趣，他们从"对与错"的争论中跳出，使用先进的方法和自然科学中的图表法来尝试开启一条打破乏味平凡的建筑领域的新颖、刺激的视觉通廊。

Weichlbauer/Ortis的表现手法

建筑表现法一直是Weichlbauer/Ortis改革的一部分。他们甚至于过多地受到他们的特征和理念的影响；因此在外界看来，他们本身则成为了独立的代表性事物。因而，他们的建筑物从来没有径直地清晰地展示出形式与功能是如何演绎的。

每次有机会欣赏他们的建筑时，你都会感受到这种距离感，正如你观察不同的平面表现图一样。当埃森曼谈论后功能主义时，他的出发点则是来自于一个全新的理论基础，那就是"将形式与功能之间的人本主义平衡转变为形式本身发展过程中的辩证关系"。这种辩证关系必须产生于两种趋

1.2.3.4.计算机生成DNA住宅建筑体量模型的演变过程

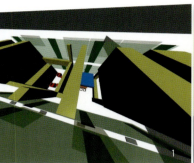
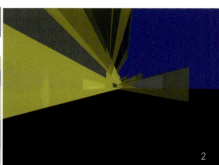
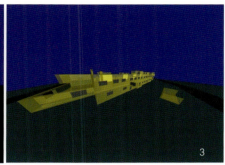

势,其中一种"将建构式的天际线看成是一种可描绘的变形几何体",另一种(被看成是一种"对碎裂的短暂尝试")则是建立在对一系列非特殊单元进行简化的基础之上的。这种辩证关系可清晰地从Weichlbauer/Ortis的作品中看出。他们的建筑从一种简化、一种远景、一种解构中发展而来。而在杜斯伯格所谓的"反构成"风格的绘画作品中,杜斯伯格就像他1927年的电影舞蹈剧场那样,通过添加斜线或者试图将空间中的图形和几何形体解构、远置,来处理最简单的几何形。

这种趋势在Weichlbauer/Ortis的作品wohnDNA中表达的最为淋漓尽致。该居住建筑最初的理念来自于一个置于地形环境中的三维空间编码算法模式。建筑实体的特殊性就来源于一系列堆砌的房屋单元,而这些单元又反过来展现出如此多的空白空间、平台和开敞空间。当地的业主曾拒绝接受这种全新类型的构造形式,建筑师们便不得不迅速地找到一种折衷的办法。因为他们的设计遵循着精确的数学原则,所以他们能够将新的数学方法通过参数的简单变化应用到建筑设计中去。空白空间消失了,房屋单元以另一种方式进行堆砌,设计也就变得更加简洁了。建筑雕塑般的特性和所有的窗户模块都被保留了下来。整个结构体系最初由一种窗户模式、一种门的模式和一种阳台模式组成。各个部分并不总是严格地满足其原来预想的功能要求。这栋三层高的建筑和它各要素功能性便不再能够被清晰地感知。究竟是遮檐还是阳台?这个问题是无关紧要的。最后,由旨在获得"视觉感受"并维护"实体艺术"的理念演变成了现在看到的建筑实体,一种"新实体"。这种艺术所宣扬的人工化和形式感的雕塑品只为它自己而存在。建筑师和这种形式的运用者则是这一系统的两个部分,就像"wohnDNA"住宅那样,也能够以其他形状和实体形式呈现出来。场所和环境都不重要,但它们仍然被整合了起来。"DNA住宅"使用了所有已知的,甚至是最普通最平凡的要素建筑要素。那么它的创意在哪儿呢?埃森曼引用"多米诺图式"来回答这个问题:"虽然所有的房都有门,有墙,有窗户,有地板,但这些房屋却不能称为建筑"。根据这一点,他得出一个引起争论的结论:"Maison Dom-ino"象征着一种符号学体系,该体系"指的是建筑学中的最简状态,这种状态将其与几何体以及与某种意义相关联的几何学区分开来"。根据这一解释,建筑设计则"反映着根植于现代主义中的'自我引用的'符号学"。

Weichlbauer/Ortis为现代主义的实用建筑理念提供了一个特殊的实例,虽然这在形式的层次上有些含糊,但是这仍然不会与其他相混淆。他们的方法并不是纯形式的,但是最终的效果却是如此。Weichlbauer/Ortis并没有将自身包装成一种特殊的地域性或民族性建筑语言的代表人物,而是作为一种通过其观点和思想状态来限定自身的现代艺术传统的行家。他们和他们的建筑一样不属于任何地域和场所。他们的手法在工艺、材料和技术上具有一致性和整体性,而且这反过来使他们在国际环境中获得了鲜明的姿态。

作品一:DNA住宅

(Residential DNA , gratkorn, styria, 1998~2001)
混沌而鲜明的外观

这栋出租公寓是奥地利20世纪90年代最疯狂的住宅建筑。建筑的西北侧与平坦的阶梯状房屋相邻,而东南侧为结构独立的低层独户住宅。公寓首层为开敞平面,室内较大的个人休闲空间和清晰的半独立式公寓,都是对原始的环境地形条件最具讽刺意味的精心构思。

新的设计方案为了适应周围环境,在最初的规划方案基础上,作了一系列必要的调整。接下来,建筑师便按照新的规划原则,并坚持在设计初期阶段用计算机生成的结构模式,最终形成了复杂性冲突性更强的设计,它既普通舒适又奇特深奥。

事实上,该建筑具有很强的功能性——但尽管如此,它的外观却给人以不切实际的梦幻之感。建筑的内部均质、各向同性,而外部则复杂多变:北立面是明确的三层

5.DNA住宅南立面
6.DNA住宅北立面
7.DNA住宅西立面

光滑体量，而较为低矮的南立面却具有极端的可塑性，阳台像抽屉一样向外伸出。均匀统一的明黄色表面从光学角度增强了建筑物强有力的动势。

如果仔细观察，就会发现建筑物所有的窗户、门和阳台构件都只有一种模式。窗户和门被用来作为取景框，而突出的阳台则兼做停车场和下方阳台的屋顶，并在前方庭院形成了层层叠叠的平台。所有的一切看上去似乎都是简单的重复，但实际上却没有一点儿雷同。复杂多变诞生在最简单的要素中，所有的构件都具有功能性，但是看上去却似乎不是这么回事。

作品二：Irritation住宅，格拉茨，奥地利，1996～1997

(Residential Irritation, Graz, 1996~1997)

活动的百叶板

该建筑坐落在城市的郊区地带，周边的社区都为独户住宅和多户公寓，而且均为斜坡屋面、田园式风格。在这栋经过粉刷的方盒子右转角，容纳着一座当地的购物中心，建筑紧邻一条熙熙攘攘的街道，白天和夜晚的噪声值分别在63dB和54dB。

建筑的开发商将居住类型定位为出租公寓和办公的综合体，而且将成本控制到最低的限度。公寓的出租对象为漂泊不定的自由职业者和半工半读的学生们，租用的时间也非常确定。因此，整体简洁的体量则是对紧张的周边环境和需要随时变化的功能空间最好的解答——于是，建筑物最终成为现在这样的深蓝色扁平体量，具有较为封闭的外部形象，而且坐落的位置也尽量与街道相距最大的距离。

在视觉感受和空间功能方面，这栋建筑物都成为短期居住者心灵和身体的庇护所。紧邻街道的立面装有平滑的可活动的隔声板。该建筑的结构类型是一个高度灵活的大空间，因此其外观一点儿也体现不出建筑内部的风格和标准。该建筑为简洁精美的装饰风格，位于一座旅馆和一座Loft建筑之间，而建筑师则通过交通、停车场和绿化道路等将建筑体量与街道分离开来，让建筑成为处于"交通高峰期"和"低峰期"之间的产物，于是建筑物便在空间凝固和视觉蒸发两种视觉效果之间变换。

在这个理念中，还有一个难以理解但是却非常重要的细节，即：可滑动的隔声百叶板表面也同样是灰泥粉刷，因此更强化了建筑表皮的统一性。

作品三：Frohnleiten 住宅改造

(Family shelves, frohnleiten, styria, 1995~1999)

辩证的住居

这栋房屋沿着长条形基地的短边，垂直坐落在基地的中央位置，两侧的空地形成了两个大型花园，而建筑则成为两个花园的分割体和联系体。二层的混凝土框架既确定了场所，又勾勒出空间。外部空间沿着长向的镶有大面玻璃窗的开放立面渗透到框架体量内部。

挑出的混凝土檐口成为室内的遮阳板，玻璃面内侧没有任何隔墙，只有一排排从地到顶的储物搁架依次平行排列。从玻璃面外皮到屋檐的投影线之间的部分，在底层便是整个建筑物的地下基础部分，上层则可作为敞廊。如果需要的话，利用折叠门扇将这部分空间封闭便可形成"房中房"。

就像Loft空间一样，室内由此产生了一个既能通行又方便使用的与众不同的连续统一体，并且视觉范围可一直延伸到界定内外空间的墙面。凉廊外侧的光控遮阳蓬和玻璃面内侧的窗帘都可作为临时的视觉与光线过滤器。室内的装饰设计除了隔板、家具外，电开关产生的微弱光亮也使室内的白色调产生了各种色度，而活动的遮阳幕与窗帘则对室内光线、能量和小气候加以控制。

从空间韵律的角度讲，这种物质感消失的室内生活还是与混凝土结构框架和玻璃隔断分离得好。因此，Nikolaus Hellmayr在设计时便提出了"辩证的家居隔板"这一经典主题，并且不断地朝着这个目标努力。

作品四：Styria幼儿园

(System kindergarten, competition, peggau, styria, 1999)

形势是怎样诞生的

weichlbauer/ortis事务所在众多的居住单元和大型规划设计项目中提出了新的设计方法和思路。他们用计算机生成的"随意事件"试图超越普通的规划设计方法。

例如，在一个项目的初始阶段，计算机生成的各种模式被散放在基地中，在将各种数值和各种变化可能性以数学的形式叠加上去。最终得到的抽象的理论原则和极端生动的体形轮廓都产生了预期的有助于强化场所的移情作用，有助于打破传统建筑类型规范的作用。

接下来，通常的参数和要素——如光线和阴影的图表等——被插入到上个阶段形成的不规则几何形体量中，但是建筑物具体实在的造型的确定将尽可能地一直留到最后。除了基地本身之外，Kunsthaus Graz所使用的基本素材还包括以前的竞赛成果（Trigon Museum, Museum Im berg），建筑师费尽心思地

8. Irritation 住宅首层平面
9. Irritation 住宅上层平面
10. Irritation 住宅剖面图
11. Irritation 住宅正立面外观与周围环境
12.13. Frohnleiten 住宅外观

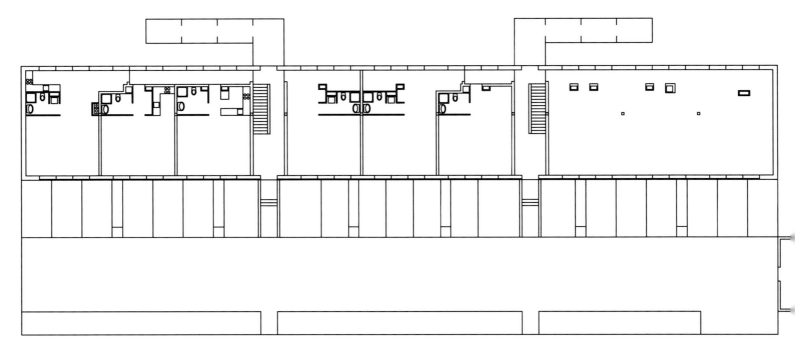

8

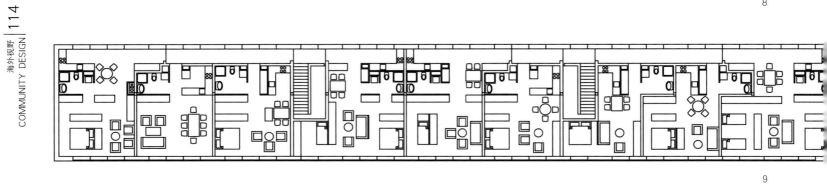

9

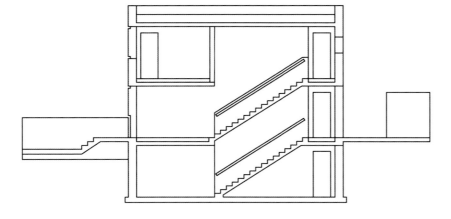

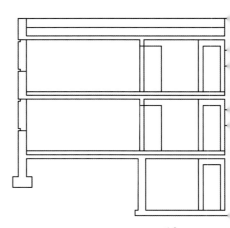

10

14. Styria幼儿园平面图
15. Styria幼儿园屋面形式

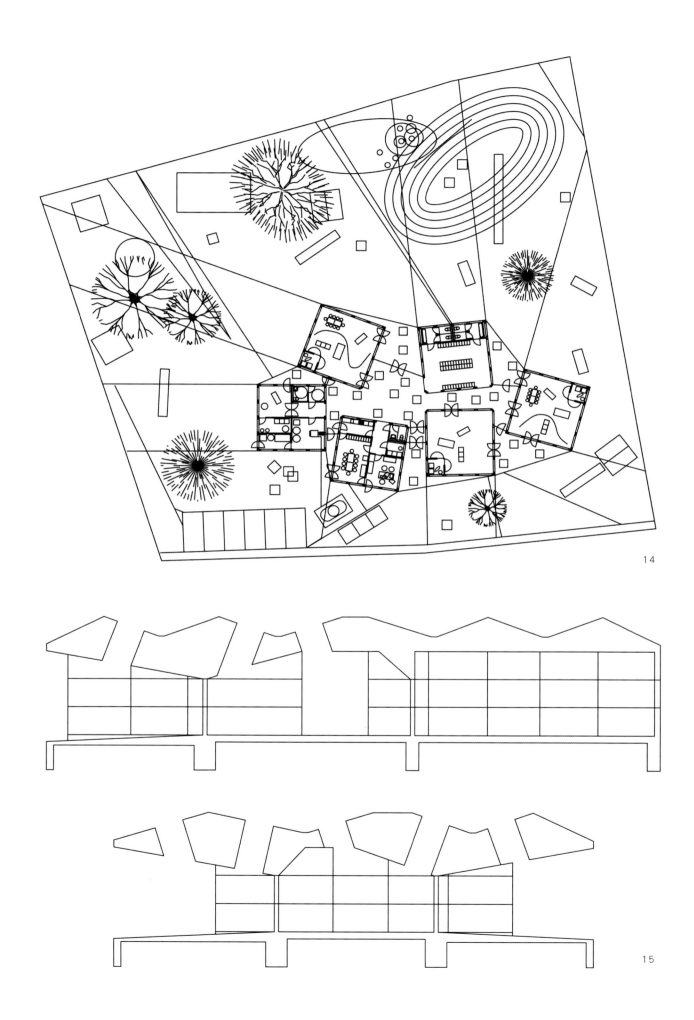

16. Styria幼儿园空间模式

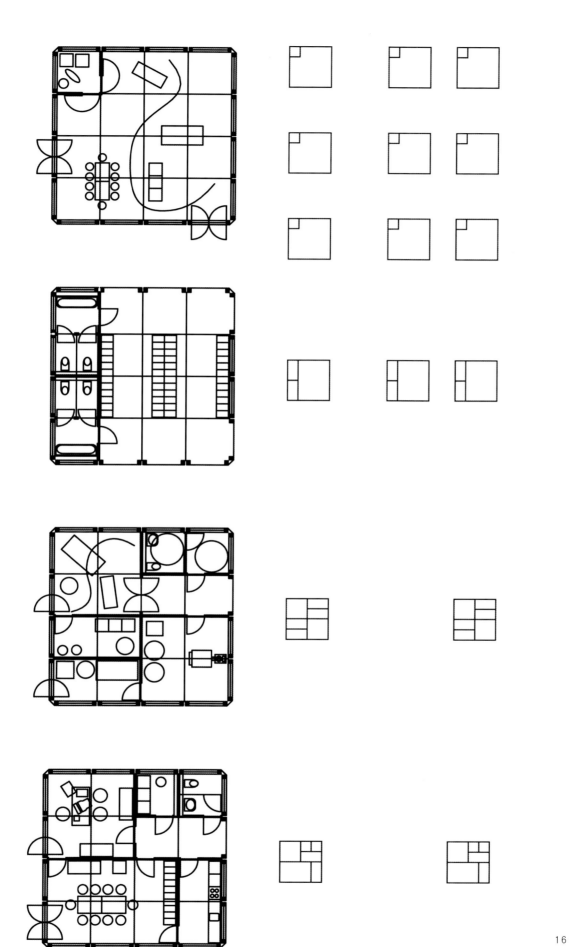

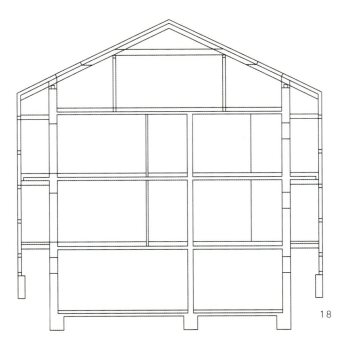

17. St.lorenzen 住宅改造后的周围环境及外观
18. St.lorenzen 住宅的剖面
19. St.lorenzen 住宅改造前的状态
20. St.lorenzen 住宅的平面

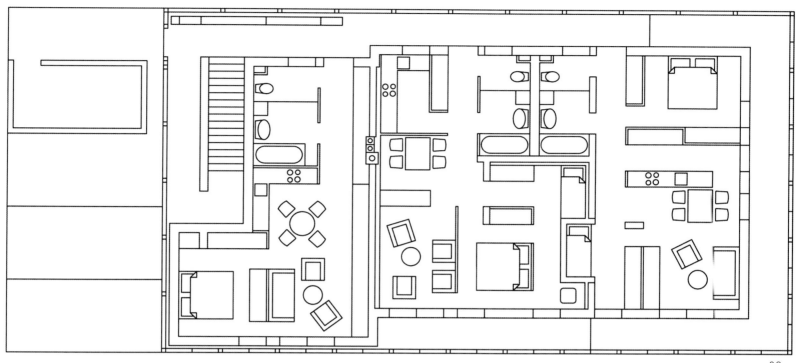

20

将这些几何造型融入下阶段设计的处理原则和过程之中。

在该幼儿园的规划项目中，建筑师遵循蒙台梭利（Montessori）方法，用数学最优法将由各种不同的空间特性形成的多元化空间模式结合起来，覆盖这些空间的屋顶坡度也是专门通过组合学发展而来的。

作品五：St.lorenzen 住宅

(Repacking, Residential Building, St.lorenzen, Stytia, 1996~1998)

像矛盾修辞法那样重新包装

（矛盾修饰法即为一种把互相矛盾或不调和的词合在一起的修辞手法，如震耳欲聋的沉默、悲伤的乐观、残酷的仁慈等等）。

该建筑物是通过改建一座20世纪70年代遗留建筑物的结构框架，为一位帽子制造商而设计的，但是却一直没有完成。建筑基址是一处拥有乡村田园景色的山脉，现存有一些传统的独立式住宅，用地边界也是原来的建筑物早已明确限定好的。

遗留建筑物虽然已经毁坏，但是建筑师还是利用原有构架，将其改造成居室，并用含有空间和保温隔热作用的表皮将其外观"重新包装"。原来已经损坏的体量——包括马鞍状的屋面和楼层走廊——也因此彻底改变了原先不确定的变化状态，而变得连贯协调。

阳台悬挑的平板通过木构造的修补，形成了一条连续的空间带，并可作为入口和各种私密的休闲空间。平板外表包裹着一层半透明的防水材料，这与重新改造的保温隔热屋顶一起产生了全新的外观。

均匀一致的PVC板面层设有可开启的部分，可供室内获得自然采光通风之用。这种廉价又耐用的材料通常被用作乡村附属构筑物（如仓库、谷窖、花房等）的遮蔽保护层。但是在这里，它那模糊暧昧的特性却将原有建筑的形态结构进行了翻新和修改。作为居住体的立面，它那均质同一性的外观甚至远远超过了老的仓库建筑所体现出的象征性，从而揭示了当今"田园风光"中存在工业化成分的现实。

深圳勘察设计协会
张一莉 主编

深圳勘察设计25年

建筑设计篇 1980—2005

中国建筑工业出版社
CHINA ARCHITECTURE & BUILDING PRESS

《深圳勘察设计25年》专辑真实地再现了深圳勘察设计工作者筚路蓝缕，在草棚烛光中绘制蓝图的艰苦创业历程，展示了他们的辉煌业绩，令人对当年的创业者肃然起敬，更加珍惜来之不易的现在。专辑图文并茂，内容丰富，汇集了数百项优秀勘察设计作品，堪称25年深圳勘察设计的集大成之书，不仅对勘察设计工作者和从事相关专业的科研、教学人员有很高的参考价值，也为广大市民和海内外朋友了解深圳、熟悉深圳提供了一条较好的途径，是一部具有较高收藏价值的优秀图书。